Amazon
ソムリエが
教える

美味しい
ワインの
えらび方

シニアソムリエ
原 深雪

BEST Wine HOW TO CHOOSE

Senior sommelier
MIYUKI HARA

CCCメディアハウス

INTRODUCTION

いつもの食卓に、お気に入りの1本を。

ワインは教養——近頃、よく耳にする言葉です。

確かに教養のひとつかもしれませんが、難しく考えすぎではないかと思います。

もともとワインはヨーロッパの人々が畑で採れたブドウで造り、食事と一緒に楽しんでいた日常的な飲みものですよね。

それをうんちくを語りながら難しい顔して飲むよりも、もっとカジュアルに楽しむことができるのがワインの大きな魅力だと思うんです。

日本人が1年間に消費するワインは1人当たり約3・5リットル。これってとても少ないと私は思っています。
ひとりで気ままに、夫婦ふたりでまったり、気の置けない仲間と週末にわいわい——
わが家では、週に何度もワインが食卓にのぼります。

そうなると、いつも
値段が高めの高級なものだったり、熟成を待つ
ような年代物は飲めません。
いかにリーズナブルなワインで楽しめるかを
考えます。

「今日の夕食のメインは魚料理？……白のスパークリングと辛口の白があったかしら？」

そんなことが1日中気になっていたりします。

ビールや日本酒、ウイスキーやウォッカといったハードリカーもいいけれど、料理の味を引き立たせてくれるのはやっぱりワイン。

これほど食事を楽しく彩ってくれる飲みものを、私はほかに知りません。

ワインを身近なものにするコツは、「お気に入りの1本」を見つけること。

ご自分の味の好みや楽しみたいシチュエーションにフィットした1本を見つけることです。

とはいえ、銘柄は何千何万とありますから、どうしたって目移りしてしまいます。

そこで、私たちソムリエの出番です。

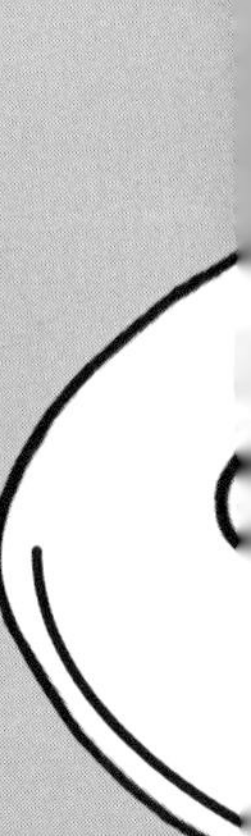

私たちの仕事は予算や味の好みから、あなたにぴったりな1本を見つけるお手伝いをすることです。

これまで大勢のお客様や、身近な人たちにワインをおすすめしてきた経験を生かして、本書では、読み進めるだけで「お気に入りの1本」が見つかり、そこからさらにいろいろなワインを楽しむための手掛かりを紹介しています。

産地、ブドウ品種、歴史、マリアージュ、テロワール、ヴィンテージ etc.——「教養」は、ワインを楽しむことができ

れば、自然と後からついてきます。

近頃は安くて美味しいワインもたくさん日本に入ってきています。

本書を手に取っていただいた老若男女、すべてのみなさんが自分にとっての「本当に美味しいワイン」を見つけて、毎日、あるいは週に一度でも、ワインを、そして人生を楽しんでいただくことを願ってやみません。

Ａｍａｚｏｎソムリエ
日本ソムリエ協会認定シニアソムリエ
原　深雪

LESSON 2

テーマに合わせて選ぶと、ワインはもっと楽しい

LESSON 3

教えてAmazonソムリエさん！こんなワインを探しています。

LESSON 4

自宅でワインを楽しむために知っておきたい8つのこと

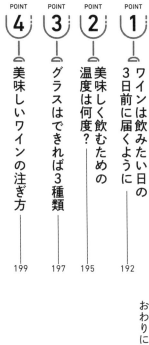

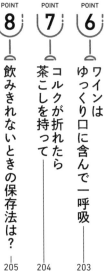

ほしいワインは
すぐ買えます！

各ページでご紹介しているおすすめのワインは、スマートフォンでQRコードを読み込んでいただくとAmazon上の商品ページへ移動し、すぐに購入することができます。好みに合いそうなワインや、飲んでみたいものがあったら、ぜひ試してみてください！

ドイツ ── 生産国

ウィットリッヒャー・リースリング ドライ ── 商品名

QBA 2015 ── 格付けなど

モーゼル地方を代表するリースリングの辛口タイプ。リンゴや柑橘のような風味のフレッシュな味わい。 ── ワインの特徴

白・辛口 ── ワインのタイプ

750ml ¥2,430 ── 容量、販売価格（2019年8月時点の税込）

リースリング種 ── ブドウ品種

スマホで読み込むと商品ページにジャンプ！

>> Amazon ワインストアはこちら
www.amazon.co.jp/wine

※販売価格や取扱商品はAmazon ワインストアの2019年8月時点のものを掲載しています。
取扱状況、在庫、価格は随時変わります。ご了承ください。

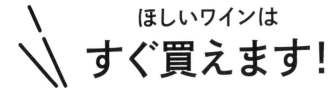

LESSON 1

美味しいワインって、どんなワイン?

美味しいワインを見つける3STEP+α

STEP 1

ワインの種類を知る

まずは赤ワインなのか、白ワインなのか、はたまたロゼやスパークリングなのか。それぞれの特徴を押さえて、気分やシチュエーションに合わせて自分が飲みたいワインを選びましょう。

STEP 2

手頃なワインを飲んでみる

美味しいワインを選ぶには、まず予算を決めるのも大事なポイント。無理に背伸びして高いワインを買っても、それがあなたの好みに合うかはわかりません。自分好みのワインに出合うための近道となる予算設定の考え方をお教えします。

STEP 3

好みのブドウ品種を知る

ワインの美味しさを探求するうえで、これだけは覚えていただきたいのが、ブドウの品種名。何百種類もあるブドウですが、私が初心者の方におすすめしているのは赤4種、白4種の8種類。その中から自分が「好きだな」、と思える品種を見つけて、その名前を覚えるだけでもワイン探しの命中率が格段に上がります。

PLUS α

お気に入りポイントを見つける

人によっては味だけでなく、ラベルのデザインや、「自然派ワイン」のナチュラルな〝造り〟へのこだわりによっても、グッと気分が上がるのがワインの楽しいところ。美味しくて気分も上がる！ そんな自分だけのお気に入りの1本の見つけ方をご提案します。

STEP 1

ワインの種類を知る

赤ワインの醍醐味は、少しずつ味を覚えていく楽しさ

赤ワインは、黒ブドウの果肉だけでなく、皮や種を丸ごと搾って醗酵させて造られるため、**渋味成分であるタンニンを含むのが特徴**です。

ブドウ品種については後ほど詳しくご説明しますが、たとえばシラー（Ｐ40参照）やカベルネ・ソーヴィニヨン（Ｐ36参照）といったブドウを使う、渋くて重くて濃いめの味になる赤ワイン、「ＴＨＥ赤ワイン」という趣きのブドウ品種は、ワインを好きになり始めた人たちが好む場合が多いようです。

飲み慣れてきて、「少し濃すぎる」とか「ちょっと渋すぎてヘビーだから、もう少し軽い感じがないかな」となると渋さや重みとともにまろやかさを感じる、バランスの取れたメルロ（Ｐ38参照）などに好みがスライドしていきます。

そのあとに行き着くのがピノ・ノワール（Ｐ42参照）。単一品種で造ることがほとんど

なので、産地や生産者の個性が如実に表れるのが特徴で、赤いベリーフルーツのような風味、少し酸味のバランスが強めで、味わいの広がりが他と異なる個性のあるブドウです。

ブドウを醗酵させたお酒の味わいに舌が慣れてきて、「あ、渋味だけじゃなかったんだ。酸味も含まれているんだな」と感じられるようになることが、赤ワインの醍醐味に触れる第一歩です。

白ワインは和食とも相性グッドな爽やかな飲み口

白ワインは白ブドウを搾ったジュースを醗酵させて造られ、**ブドウ品種そのものの香りが生きたものと、醸造によってスタイルが決められるものに分かれます。**前者はリースリング（P50参照）やソーヴィニヨン（・ブラン）（P48参照）など、爽やかさが生きています。

後者は、シャルドネ（P44参照）のようにブドウの個性が目立たない品種を使ったもの。醸造過程で樽を使うと木の香りや要素が溶け込みコクのある味わいになったり、ステンレスタンクで仕込むとミネラルが生きた酸味がクリアな味わいになるのも面白いですね。

初心者におすすめしたいのは、ゲヴュルツトラミネールというブドウ。百合（カサブランカ）のような、とても華やかな香りがして、飲んだときにちょっとハチミツをイメージさせるようなとろみを感じさせてくれます。普通の辛口ワインにはない味わいのまろやかさが、香りと一緒になって印象的ですよ。リースリングもクリアで爽やかな味なので飲みやすいかもしれません。

ロゼワインは色と雰囲気を楽しむ

ロゼは、その可愛らしい色合いから桜の咲く頃に人気のピンク色のワインです。色調が華やかさを演出しますね。ただ、たまに誤解されている方がいらっしゃるのですが、ロゼワインは単純に赤ワインと白ワインを混ぜているわけではありません。

ロゼには造り方が3種類あります。

①日当たりがよい南フランスの方では、ブドウの木がよく育つために白も赤も混栽されています。区分けせずに混ぜて植えられていたりします。そのまま全部一緒に収穫して醸造すれば、ロゼカラーになります。

②黒ブドウをプレスして皮と種が入ったまま醗酵させて、ロゼ色になったところで皮と種を抜いてワインを造るパターン。

③シャンパーニュ地方（P88参照）だけに許されている製法で、スパークリングのベースワインを造ったあとに赤ワインを足してロゼシャンパンにする、というもの。

どれも非常に鮮やかなピンクで、**中華料理やタイ料理といった香辛料やスパイスが効いた料理と合わせやすい**のが特徴です。魚をサフランソースで煮たブイヤベースにも合います。白ワインだとあっさりしすぎて料理の味に負けてしまうのですが、ロゼは味わいに少しコク（赤ワインのエキス分）が入っているからですね。

シャンパンもスパークリングワインの一種

スパークリングワインを造るときは、まずブドウ果汁を醗酵させて味わいのベースとなるワインを造ります。ベースワインをブレンドしてオリジナルの味にしてから、もう一度糖分を加えて醗酵させるのです。そして、その二度目の醗酵で生まれたガスをワインに溶け込ませています。開栓すると発泡するのはそのためで、白ワインにガスを吹き込んでいるわけではありません。

スパークリングワインはガスの圧力によって泡立ちの口当たりが変わりますが、**ガス圧のもっとも高いのがシャンパーニュ、いわゆるシャンパンです。**続いてイタリアのスプマンテやスペインのカヴァが来て、ガス圧が低めなのがイタリアのプロセッコ。このプロセッコは世界で一番売れていて、やわらかな泡立ちで飲みやすいのが特徴。なおかつ使っているブドウの果実感が楽しめ、辛口なんだけれどもジューシーさがある、というのも人気の秘訣のようです。

お祝いの席だとみなさんシャンパンって言われますが、シャンパンはすべての製造過程を手作業で行うルールなので価格が高めですね。その点、プロセッコは価格帯も2000円前後でリピートしやすいお手頃ワインなのでおすすめです。

ちなみに、シャンパンを選ぶ場合は、ぜひ「正規品」を買っていただきたいと思います。「並行輸入品」は安さが魅力ですが、さまざまな国を経由して輸送されて来ます。保管状態がまったくわからないのがネック。「状態は悪いかもしれないけど、安い値段がよければ買ってね」というのが並行輸入品なのです。

たまに「ドンペリが美味しくなかった」という方にお目にかかりますが、おそらく並行輸入品だったのだと思います。正規品は絶対に美味しいですよ。エアコントロールされたコンテナで輸入され、上陸してからも定温倉庫に置いてある正規品は熱で劣化することがないんです。ですから、正規品なのか並行輸入品なのかは本当に注意して買っていただきたいと思います。

Ａｍａｚｏｎが直接仕入れている正規品の場合は、ワイン専用倉庫で定温管理をしていますので、品質劣化の心配はありません（Ｐ１９０参照）。出品者の方が販売されている際には、商品名に並行輸入品である旨を記載していただくようになっていますし、最寄りの小売り店などで購入する場合は直接聞いてみてもよいと思います。

STEP 2

手頃なワインを飲んでみる

「3000円出せば安心」作戦はやめましょう

ワインの価格でひとつの目安として考えられるのは、3000円。ワイン情報誌でも、家飲み・安旨ワイン好きの方向けに「3000円以下のワイン」と特集すると、いつもより売れるそうです。とはいえ、おうちで食事するのに1本3000円のワインを買うとなると、ちょっとためらう金額という方も多いのではないでしょうか。

それはつまり、「3000円くらい出さないと美味しくないかもしれない」という漠然とした不安。3000円の味がわからないうちから、おもむろに「3000円出せば大丈夫かも」と、金額で安心を買うという作戦を私はおすすめしません。

やはり、まずは安くて手頃なものから試していただきたいと思います。それで「本当に好きな味」に出合うのが先決です。**甘いのか辛いのか、渋いのか渋くないのかだけでも区分けして、そこから徐々に自分の好きなものを絞り込んでいけばいいんです。**「あの人が飲んでいるから」とか「美味しいって言われてるから、あれを飲まないと通じゃない」とか、もしもそんな考えがあるようなら、頭の中から消してみてください。白も赤もロゼもスパークリングもあって、ワインほど幅広い嗜好の飲みものはありませんから、まずはその多様性を楽しんでいただきたいと思っています。

「いつもチリの赤ワインを飲んでいるけれど、イタリアの赤ワインってどうなんだろう?」とか、同じブドウ品種で1000円と1200円、1500円の赤ワインを飲み比べてみる、とか。たとえばチリのあるブランドを飲んで、シャルドネ（P44参照）がすごく美味しいなと思ったら、次は国を変えてフランスのシャルドネも試してみよう、とか。手頃な価格で「好き」を見つけたら、徐々に金額を上げていって「自分が本当に好きな銘柄はどれ?」と探っていくのも楽しいと思うんですよね。

「好きな味」の見つけ方は、次のSTEP3で改めてご紹介します。

購入するワインは、シチュエーションで選びましょう

Amazonでは、検索ツールで価格帯を選べるようになっています。500円以下、500〜1000円、1000〜2000円、2000〜5000円、そして5000円

以上の5段階（2019年8月現在）。その中で、日常的に楽しむワインとして絞り込むのなら2000円以内かな、と思います。**1000円以下は普段使い、2000円は週末のごちそう用。来客があってよい食材を揃えたら、ちょっと見栄を張って3000円、という基準をご提案いたします**。さらに上の価格帯は、特別感が重要な大切な記念日などで楽しんでいただきたいと思います。

「3000円のワイン1本と1000円のワイン3本、どちらを買ったほうがお得でしょうか？」という問い合わせもありますが、たとえばおしゃべりしながらみんなで飲むなら、1000円のワインが3本あったほうがいいでしょう。また別に、食事をメインに考えての席でしたら、1本3000円のものをじっくり飲むのもいいと思うんです。

ワインって、疲れを癒してくれるものでもありますが、食事を楽しむために飲むものという意味が大きいと思います。質のいいワインがあると、お皿の数も少し増やしてみたくなりますし、それに合わせて少しずつ飲み進めることになります。そういう意味で、ワインは時間をゆっくり過ごすためのお酒とも言えますね。

実際、価格帯が上がれば上がるほど、ゆっくり楽しむのは必然だったりします。

抜栓時刻は飲む何分前にするかから始まって、ボトルをどの程度の温度にしておくのか、どんなグラスで飲むかとか、よいものになればなるほど前置きが長くなるんです。

たとえば、熟成された5000円以上するワインがあったとしたら、澱《おり》が沈殿しているから飲む3日前から立てておいて、当日は2時間前から抜栓しておいたらベストなど、ワインと向き合う楽しい時間がどんどん増えていきます。

ワインを購入する際、「誰とどういうシチュエーションで飲むか」ということを考えるのも、楽しみのひとつになりますね。

飲みやすく造られているのは1000円以下

1000円台、1000円以下でも美味しいワインは実はたくさんあります。おひとりで飲むならこの価格帯でも十分ではないでしょうか。

今夜のメニューでステーキ1枚に1000円払って、「結構いいもの買っちゃったなぁ」と思っているところに、2000円くらいのワインも買わなきゃいけない、と思うと予算オーバーかもしれません。1000円で合うものがあれば、それでOK。

「1000円以下」と言ってしまうと、「安かろう悪かろう」というイメージがあるかもしれませんが、それは大きな間違いです。確かに、日本まで運んでくる経費をイメージしたら1000円以下というのは破格。基本的には、日常の大量消費用ワインというポジションだと思います。たくさんブドウが収穫できて大量生産可能だから安いというだけなのです。

栽培条件に恵まれて、ブドウが豊かに実る地域では、ワインも安く生産できます。スペインのラ・マンチャ、カリフォルニアのセントラルコースト、チリなどがそうですね。決して、「美味しさを求めないから安い」というわけではないんです。毎年たくさんブドウができるということは、ワインの味にブレが少ないとも言えます。原材料のブドウの供給が安定しているので、いつ買っても美味しいんです。

1000円以下で代表的なのはチリのコノスルというブランド。関税がかからないこともあって、700円くらいで売られています。ラベルの自転車のイラストが特徴的なので、スーパーなどで見かけたことのある人も多いでしょう。チリのほかに、アルゼンチン、スペイン、南アフリカ産にも手頃で美味しいワインが多くあります。現地と同じように、気軽に飲んでいただきたいですね。

逆に、ブドウが採れる量が少ないと価格は上がってきます。原材料費が上がるからです。**2000円前後になると、産地やブドウ品種の特徴など少し個性が出てきます**。収穫時から人手に頼り丁寧に収穫するなどのコストがかかります。大量生産されるブドウが、トラクターで一斉に収穫されたりして品質を均一にされているのとは対照的だと言えるでしょう。

一点だけ注意したいのは、大量生産で安価なワインだからといって、決して「無個性」というわけではありません。ボリュームがあったり香りがしっかりしている銘柄もあって、とても面白いですよ。逆に高価なワインは、エレガントだったり雑味がなかったりして洗練されることで、産地やブドウ品種固有の個性、醸造家の力量などが前面に出てきます。日本酒の純米大吟醸がスルッと飲めちゃうけれど、品質的には一番高いということに近いかもしれませんね。

2000円から、ブドウの特徴がより味わえる

2000円以上の価格帯だと生産地の特徴が出てくると書きましたが、もっと詳しく言うと、ある村名を冠したワインがあるとします。そうするとその村で造られ、厳しい基準をクリアしたブドウしか使えないという法律がヨーロッパなどにはあるのです。つまり生産者がより注意深くブドウを見て造っている、比較的高品質なワインということになりま

す。

たとえばカリフォルニアの「カレラ」というブランドでピノ・ノワールのブドウを使った有名なワインがあります。カレラのブドウは、フランス・ブルゴーニュ地区のロマネ・コンティのクローン種なんです。地球を回っている気象衛星を使ってできるだけブルゴーニュと似た条件になる土地を選んだといわれますが、決してブルゴーニュと同じ味にはならない。カリフォルニア産のピノ・ノワールとしては高い値段で取引もされ、完璧なピノ・ノワールという専門家の評価もありますがブルゴーニュのような値段にはならないんです。それほど、気候、土壌などのブドウの栽培条件はワインの味に影響するものなのです。

とはいえ、ワインのプロを目指すわけでないならそこまで気にしないでくださいね。前述同様、国、地域、村、生産者まで、細かな要素がワインの味に影響するわけですが、「××地区の△△村の畑を持った家が代々おじさんもおばさんもブドウ栽培農家をやってて、息子が大学に行って勉強してきて醸造家を始めて……」なんて覚えるよりも、自分の好きな味わいに出合うほうが先のはずです。

気にするとしたら、生産年。不安定な温帯の地域、フランスやイタリア北部の山沿い、スペインのフランス寄りの地域とか、寒さと暖かさとが周期的に来る四季がはっきりした場所では4月に霜が降りたりすることがあるんです。そうすると、芽が凍って死んでしまいます。無事に芽吹いて枝が伸びていっても、その間の病気や害虫が心配。日本だと梅雨でさらに厳しい環境です。ブドウの収穫期まで台風による心配も続きます。そうして「今年は作柄が悪い」ということになったりします。けれども、そういう**不安定な気候だからこそうまくブドウが実り、それが熟していく間、しっかりと日光を浴びてよく熟れた状態で収穫できたなど、「奇跡の1本」が生まれやすいという側面もあるんです**。だから、地域と生産年を調べると面白いですよ。もちろん広い地域はともかく、その中に含まれる地区や村は無数にあるので、一度踏み入れてしまうと果てしなく奥が深いです。

スタンダードシャンパンにヴィンテージ（生産年）がないのは、シャンパーニュ地方が北寄りでブドウの生育に厳しいため。毎年の安定した収穫が見込めないため、他の年に採れたブドウとブレンドして味わいを調整する必要があります。そのため、収穫年を表示することはできなくなるのです。天候に恵まれた年のブドウでできたヴィンテージシャンパンは、ヴィンテージなしのものよりお高くなります。

STEP 3

好みのブドウ品種を知る

代表的な8つのブドウ品種をカテゴライズ

「ワインの好みはよくわからないんです」という声をよく聞きます。

先述の、**基本は1000円以下の手頃なワインを偏りなくいろいろ飲んでみて、「あっ、このブドウで造ったワイン、好きかも」と感じたら、同じブドウ品種で次の価格帯のものにチャレンジしてみるのをおすすめしています。**

とはいえ、膨大な数のワインからなんの手掛かりもなくチョイスするのは難しいですよね。ここでは、私が普段から提案している「好みのワインの見つけ方」をご紹介します。

世界中で栽培されているブドウ品種から、8種類をセレクトして味わいについてご紹介していきます。本当は8種類試していただくのがよいのですが、それでも「ハードルが高い！」という方は、以下を参考に、お好みのワイン探しを始めてみてはいかがでしょうか。

まず、**ワインの味でポイントとなるのは、渋味があるかどうか。渋味が気にならない方は、ぜひ赤ワインを試してみてください。逆に気になる方には白ワインをおすすめします。**

さらに赤ワインを大きく2つに分けてみます。渋味とコクがあって重厚なタイプと、やや渋味はあるけれど酸味とのバランスが取れていて色が少し薄いタイプ。代表的なブドウ品種で言えば、前者はカベルネ・ソーヴィニヨン、メルロ、シラー。後者がピノ・ノワールです。それぞれお手頃価格のワインを試してみて、味の好みを確かめてみてください。カベルネ、メルロ、シラーは系統が似ているので3種類をそれぞれ飲んでみて、ご自身が気に入ったブドウ品種で次の価格帯にチャレンジを。

白ワインも、香りが弱めか強めかで2つに分けてみましょう。ブドウ自体の香りは弱めで、醸造によってさまざまな表情を見せてくれるタイプと、香りが強く立ち、酸味がありミネラルや果実味豊かなタイプ。前者はシャルドネと甲州、後者はソーヴィニヨン（・ブラン）とリースリングです。どちらも香りの要素がポイントになります。ちなみに、白ワインは日本酒を召し上がる方におすすめする機会が多いですね。赤ワインに含まれる渋味が苦手な方もいらっしゃるので。それでも緑茶やウーロン茶の渋味が嫌いでなければ、赤ワインを試す価値は十二分にあると思います。

渋味とコクがあって重厚なタイプ

カベルネ・ソーヴィニヨン

カベルネ・ソーヴィニヨンは、世界中で栽培されているタフな品種です。後述するシャルドネもそうですが、どこで育てても小粒な実がびっしりと実り、ある程度は普通に収穫できるので、ワインの生産地で作ってないところはないくらい。それくらいポピュラーな品種です。

赤ワインはどれもそうですが、**特徴は皮と種の渋味。漬け込むことでその黒い果皮の風味が溶け込んだワインになります。ベリー系の果実を噛んだときのような渋味があるのがカベルネらしさです。**

手頃な価格帯だと、舌に感じる渋味が強めだったり、またはジューシーさが強め、果実感がジャムのようなものまでさまざまです。丁寧にブドウを選果した質のいいものだと、酸味、果実感、甘味、旨味などがうまく溶け込み滑らかになるので、舌のタッチも変わってきます。手頃なもののほうが、どちらかというとストレートに果実本来の特徴が出ますね。樽を使って醸造すると価格も少し上がりますが、樽の風味が溶け込んで複雑な香りに変わっていきます。

渋味が特徴なので、普段抹茶ハイや緑茶ハイを好んで召し上がる方にも試していただきたいです。料理なら、赤身の肉料理ですね。ローストしてちょっと脂を落とす料理や、赤ワインと一緒にしっかり煮込むのもいいと思います。渋味を持っているワインなので、脂分を舌に残さないよう流し込んでくれますよ。さらに美味しく次の一口が食べられます。

>> カベルネ・ソーヴィニヨンのおすすめワイン

チリ

エスタシオン カベルネ・ソーヴィニヨン

ステンレスタンクのみで仕上げられており、果実味が豊かに感じられる。風味豊かでフルーティ。

赤・ミディアムボディ

750ml ¥1,163

カベルネ・ソーヴィニヨン種

フランス

シャトー・ヴィエイユ ディナスティ キュヴェ エレオノール

カベルネ・ソーヴィニヨン100%で造られた珍しいワイン。バニラの香りとロースト香が特徴的。

赤・フルボディ

750ml ¥4,269

カベルネ・ソーヴィニヨン種

メルロ

メルロは、区別するのが難しいくらいカベルネ・ソーヴィニヨンに似ています。ボルドー地方の赤ワインでメルロ主体かカベルネ主体かは一般的にはわかりづらいでしょう。違いとしては、メルロのほうが渋味がまろやかで、果実味が少し豊かだということ。**カベルネに比べると、若干ですが、渋味の質が滑らかといわれます。それと香りが甘やかですね。ですからカベルネ同様、緑茶ハイや抹茶ハイを嗜《たしな》まれる方に、こちらも試していただきたいですね。**

合わせたい料理は、肉の旨味が強いもの。サシの入った牛肉のすき焼きもいいでしょう。お肉はもちろん、ほかの具材にも旨味が溶け込んで、メルロのやわらかな果実味と好相性です。

実は、金賞受賞ワイン等の手頃なボルドーのワインは、メルロ主体で造られているものがほとんど。カベルネよりもメルロが1カ月近く早く収穫できるため、早く仕込みに入れるからです。秋に雨が多くなりブドウに影響が出て、収穫量が減る前にワインにできるのです。

有名なのはフランスのボルドーのほか、イタリアのトスカーナ地方や日本の長野県でも、上質なメルロワインが造られていて驚きますよ。

>> メルロのおすすめワイン

イタリア

ファジオ シチリア メルロー

ベリー系の香りにほのかなバルサミコのニュアンス。やわらかなタンニンのコクが長く舌に残る。

赤・フルボディ

750ml ¥2,484

メルロ種

フランス

ルレ・ド・ラ・ドミニク

平均樹齢35年のメルロを16カ月間、樽で熟成。ブドウの完熟感が強く、ふくよかな味。

赤・フルボディ

750ml ¥4,999

メルロ種ほか

シラー

シラーは、オーストラリアとフランスの北ローヌ地区で質の高いワインが造られています。日差しに強い品種で、抗酸化作用を持つポリフェノールの一種、アントシアニンを多く含むことでも知られていますね。オーストラリアでは「シラーズ」と呼ばれて親しまれています。

カベルネ・ソーヴィニヨンやメルロと同じように渋味を含んでいますが、香辛料を感じさせる個性的な香りでコクもあります。ウイスキーやラム酒を飲まれる方にもいかがでしょうか。

かつてはフルボディで飲みごたえのあるものが主流で、黒い澱がビンの内側にへばりつくほどのものが造られていましたが、世界的に食生活が変わってきていることもあり、今はエレガントできれいな味わいのものが多くなりました。世界中で栽培面積が増え続けていて、各地で地域の特性を生かした味わいのものが造られているのも特徴です。

もしもシラーの個性が強すぎると感じるようなら、グルナッシュ種を試してみるのもありでしょう。シラーと同じ地域でよく栽培されている品種です。やや果実味が増さり、甘やかな口当たり。似たところでは、チリのカルメネール種、スペインのテンプラニーリョ種ですね。味は風味がしっかりしていて、「黒コショウのような」と表現されることもあるスパイシーさが特徴です。赤身肉との相性が◎です。

合わせたい料理は、スパイスが効いた肉料理。オーストラリアで楽しまれている定番は、ハーブを添えたラムチョップ。また、ジンギスカン、シシカバブ、香辛料が効いたタンドリーチキンもよいと思います。

>> シラーのおすすめワイン

フランス

ポール・ジャブレ・エネ シラー

2世紀の歴史を誇るローヌの名門が造る、凝縮感がありスパイシーなシラー100%のしなやかな味。

赤・ミディアムボディ

750ml ¥1,196

シラー種

オーストラリア

トルブレック ウッドカッターズ シラーズ

ブラックベリーの風味と大地のニュアンスが豊かに溢れ、タンニンとコショウの風味がほのかに残る。

赤・フルボディ

750ml ¥3,246

シラー種

やや渋く、酸味も感じられて色が少し薄いタイプ

ピノ・ノワール

ピノ・ノワールは酸味を主体とするブドウで、そのエレガントな舌触りが特徴です。

質の高いピノ・ノワールを作るには、酸味をどう生かせるのかが、最大の課題ですね。暖かい地域だとブドウがよく熟すので、バランスが取りづらい。ブルゴーニュで最初に栽培されていたといわれ、その涼しい気候に合い、この地のものは評価が高いんです。最近は平均気温が上がった関係で産地も北上していて、ドイツのものもなかなか美味しいですよ。チリ産のコノスル（P30参照）は果実感がはっきりしていて印象的。価格も手頃なので、この1本から入門して高価格帯にスライドしていくといいでしょう。ただの石ころだと思っていたら、磨いていくうちに宝石に変わるような、味わいが洗練されていく変化を感じられるかもしれません。

有名な音楽プロデューサーが奥様ととあるレストランに行かれたとき、１５０万円のワインを2本空けて帰られたとか。そのくらいのお金を出してでも、飲みたい方がいるとい

うのがピノ・ノワールの味わいの奥深さです。

試していただきたいのは、さくらんぼや梅など、酸っぱい実を使ったドリンク類に抵抗のない方。お酒で言えば、梅酒サワーやライムサワーの酸味があるものを飲まれる方に。

料理はぜひ、ピノの赤ワインで煮込む鶏肉の赤ワイン煮込みと合わせてみてください。トマト煮込みもいいですね。ご家庭で作るなら骨付きのもも肉や手羽を使うと、いっそうワインとマッチするでしょう。

>> ピノ・ノワールのおすすめワイン

南アフリカ

ピーター・ファルケ ピノ・ノワール

ルビー色の赤ワイン。ラズベリーやイチゴを思わせる果実味とともに、さくらんぼのような酸味がある。

赤・ミディアムボディ

750ml ¥3,008

ピノ・ノワール種

フランス

カーヴ ド リュニー ブルゴーニュ ピノ ノワール

ラズベリーやカシスの香りと甘草のニュアンスがあり、赤い果実の果実味が心地よく広がる。

赤・ミディアムボディ

750ml ¥1,726

ピノ・ノワール種

香りは弱く醸造によってさまざまな表情が出るタイプ

シャルドネ

シャルドネは辛口白ワインの代表的なブドウとして世界中で作られています。世界中で作られているということは、イコール栽培しやすい品種だということ。広くなじみがあるブドウです。

シャルドネは醸造のスタイルをそのまま反映するタイプなので、ステンレスタンクで造るとスッキリとキリリとした辛口になり、樽を使って熟成させると樽の風味が生きてコクがあってしっかりした印象の厚みのある辛口になります。

チリやアルゼンチンのように関税の低い国のワインにも、樽で熟成させたものがあり、値段も手頃。樽の熟成感で言えばフランス産に軍配が上がりますが、少々高くなってしまいます。手頃な価格で樽風味が生かされた辛口は、食事に合わせて幅広く楽しんでいただけると思います。

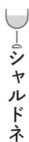

料理は豚肉や鶏肉といった白身が合います。もちろん魚料理もよいのですが、刺身のような生魚だと少し生臭く感じるかも。焼き魚のほうがおすすめです。

普段日本酒を嗜んでいらっしゃる方にいかがでしょうか。日本酒はアルコール度数で言うと15%前後。ですから、**日本酒を飲み慣れている方は、12〜14%くらいのワインにも抵抗が少ないのではと思います。あっさりとした辛口というよりも、お酒としてのボリュームのある辛口と言えばシャルドネでしょう。**

>> シャルドネのおすすめワイン

フランス

ルイ・ラトゥール グラン・アルデッシュ・シャルドネ

フルーティさとシャルドネ種の個性を生かすために、ステンレスタンクのみで醸造されている。

白・辛口

750ml ¥1,944

シャルドネ種

オーストラリア

ローズマウント MV コレクション シャルドネ

口に含むと桃やレモンゼストの味わいが広がり、焼いたアーモンドのニュアンスを感じます。

白・辛口

750ml ¥3,500

シャルドネ種

甲州

甲州種が発見されたのは西暦700年代。現在は山梨県の地場のブドウとして広く知られていますが、ルーツは欧州系品種と中国系品種の交雑で誕生したものと判明しました。ほかの白3品種と比べると果皮がピンクがかっていて、**皮に含まれるポリフェノールの量が多く、飲んだときに渋味が感じられます**。

かつては果皮をわざと漬け込んで、薄いロゼ色で甘い「おみやげワイン」を造っていたため、「甲州種のワインは甘ったるい」というイメージがありましたが、ここ20年くらいでポテンシャルを生かした銘柄も続々と誕生し、それを払拭する進化を見せています。

2010年に日本固有のブドウとして初めて国際ぶどう・ぶどう酒機構（OIV）に品種登録されたほか、アジアでもかなり評価が高くなってきています。かくいう私も、いま日本の食事に広く合わせやすいのは甲州種だと思っています。渋味を含んでいるため、そぼろのあんかけ、魚の煮つけ、肉じゃがに代表される肉と根菜の煮物、もちろん肉野菜炒めなどでも大丈夫です。渋味が味わいの柱となり、料理のしっかりした味つけにも合わせられます。**麦や米焼酎の水割りやロックが好きな方、純米酒の山廃《やまはい》仕込みといった強めの味を好まれる方にはぜひ一度、甲州の辛口タイプを飲んでいただきたいと思います。**

また、シュール・リーという醸造方法で造られたものも試してみる価値ありです。これは、醗酵が終わったワインを冬の間ずっと澱に接したまま春先まで寝かす製法です。ろ過しないで置いておくことで、澱の中にあるミネラル分や旨味がワインに溶け込むんですね。甲州種の味をより深くしっかり醸し出すのには、ぴったりな製法なのです。

>> 甲州のおすすめワイン

日本

サドヤ醸造場
甲州シュール・リー

すだちやかぼすのような和のニュアンスを感じさせる香りと爽やかなハーブにミネラル感が加わった風味。

白・辛口
720ml ¥1,944
甲州種

日本

シャトー酒折ワイナリー
キスヴィン 甲州

熟したトロピカルフルーツの香りがあり、ジューシー感が口中に広がる。余韻も長い。

白・辛口
720ml ¥4,091
甲州種

香り高くて酸味があり、ミネラルや果実味豊かなタイプ

ソーヴィニヨン（・ブラン）

香りが高いミントやシークァーサー、キウイなどのサワーを飲む方におすすめしたいのが、ソーヴィニヨン（・ブラン）です。名前のあとに「ブラン」とわざわざつける国もあるのですが、フランスでは「ソーヴィニヨン」と呼びます。ブランをつけるかつけないかだけで同じ品種です。

フランスのボルドー地方やロワール地方のものが有名ですが、チリやオーストラリア、ニュージーランドなど、この品種もシャルドネと同じく世界中で広く栽培に成功しています。ワイン名にも品種名が入っていて、たくさん流通しています。それもそのはず、生産量はブドウ品種でもトップクラスです。

シャルドネとの大きな違いは、香りが豊かなところ。ロワールでは「ブラン・フュメ（燻製されたような香りをもつ白ブドウ）」と呼ばれるほど、万能ねぎやハーブのような青草

の風味が際立つ品種です。爽やかで清々しいスッとした香りと、グレープフルーツのようなほろ苦さを感じる辛口の味わいが特徴的です。

ワインになってもそのまま香りが生きるので、ハーブを使った香りとともに楽しむお料理とも合わせたいですね。ローズマリーを使った鶏肉や豚肉の香草焼き、白身魚のムニエルあたりはいかがでしょうか。

>> ソーヴィニヨン（・ブラン）の おすすめワイン

ニュージーランド

クラウディー ベイ ソーヴィニヨン ブラン

パッションフルーツのアロマと、オレンジのような豊かな果実味、ハーブや青リンゴを思わせる爽快さ。

白・辛口

750ml ¥2,836

ソーヴィニヨン・ブラン種

フランス

サンセール ブラン フロレス

柑橘類、特に熟したレモンのような固くフレッシュで、生き生きしたフレーバーがある。

白・辛口

750ml ¥3,895

ソーヴィニヨン・ブラン種

リースリング

世界中で栽培されている国際品種（※）の中でも、東欧のような寒いところでも栽培できる品種。東欧では「リズリング」と呼ばれて親しまれています。原産国はドイツで、今でも栽培面積の半分近くはドイツに集中。特にモーゼル地方とラインガウ地方のものが高品質とされています。

かつて、ワインを飲み慣れてる方の間では、リースリングは甘口タイプの代表と言われていました。時は流れ、食生活における健康志向が高まり、現在は糖分の少ない辛口も多く造られていて、食中酒として楽しむことができます。

ソーヴィニヨン（・ブラン）と非常に似ている点は、ブドウ本来の香りが生きるタイプだということ。リースリング種は、白い花の香りのような華やかさも含みます。造り方によっては熟成を待てるワインもできるので、質のいいものは数十年以上と長く熟成できるポテンシャルを秘めています。

ドライに仕上げられたリースリングはときにオイルのような香りがします。香りの幅が

※多くのワイン生産地域で広く栽培され、消費者にも広く認知されているブドウ品種。

大きいですが、味わいにおいてはいつも酸味がしっかりと感じられるのが特徴です。香りが豊かで、酸味がしっかり。ふくよかというよりもどこか雑味のないクリアな印象。黒糖焼酎や泡盛の水割り、ジンジャーハイなどがお好きな方に試していただきたいですね。

合わせやすい料理は、ハムの盛り合わせやマリネ、和食の酢の物。青柳とわかめときゅうりの三倍酢あえにもいいと思います。ぬたもいいですね。

>> リースリングのおすすめワイン

ドイツ

ウィットリッヒャー・リースリング ドライ

Q.b.A. 2015

モーゼル地方を代表するリースリングの辛口タイプ。リンゴや柑橘のような風味のフレッシュな味わい。

白・辛口

750ml ¥2,430

リースリング種

ドイツ

ルイス・ガントラム リースリング ブルーボトル

豊かな果実味と酸味のバランスがいい１本。普段の食事にも合い、TVを見ながら気軽に飲めるワイン。

白・中辛口

750ml ¥1,500

リースリング種

ボトルの形で味がわかる

ここまでブドウの種類で味の違いを見てきましたが、実はボトルの形状を見るだけでも、ある程度は味の傾向を知ることができます。

フランスの北東の端アルザス地方、国境を接するドイツ、その隣のオーストリアの白ワインは、細長いボトルに入っていることが多いです。リースリング種のブドウに代表される、**酸味が生きる味わいのフレッシュ感があるワインがアルザスタイプ❶を使う**傾向があります。

フランスのボルドー地方は南西の端で太西洋に接する大河の一帯。複数のブドウ品種をブレンドしたワインが代表的です。**ソーヴィニヨン（・ブラン）を使った辛口でコクのある白ワインは、ボルドータイプ❷を使うことが多いですね**。南アフリカ、オーストラリア、チリ、アルゼンチン、イタリアもその傾向で

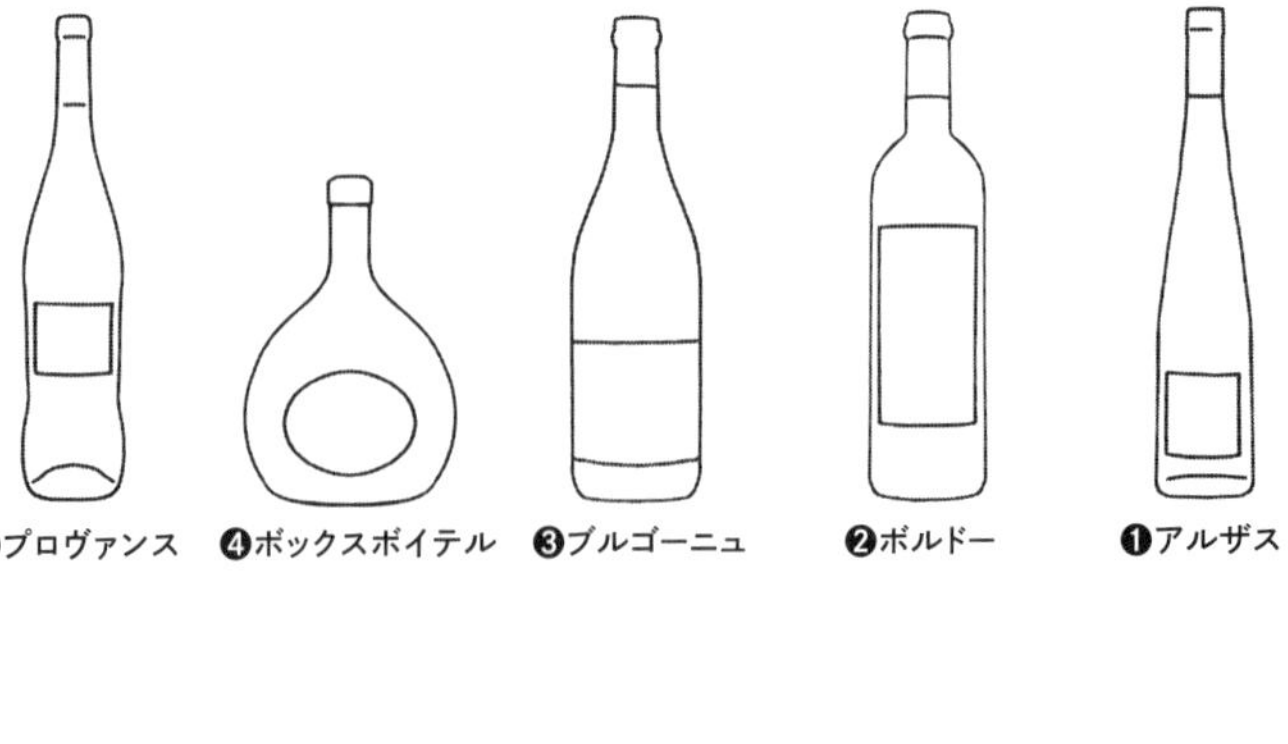

❶アルザス　❷ボルドー　❸ブルゴーニュ　❹ボックスボイテル　❺プロヴァンス

す。また、赤ワインも、皮と種の渋味が特徴的な品種であるカベルネ・ソーヴィニヨンやメルロを使う場合は、ほぼこのボトルに詰められます。ワインを注ぐときに渋味を含んだ澱が、ボトルの肩に引っ掛かるような形になっているんです。

ブルゴーニュタイプ❸のような、なで肩ボトルはシャルドネを使った辛口白。ローヌ地方を代表する華やかな香りと旨味を持つヴィオニエ種やルーサンス種、マルサンヌ種なども。さらに、ハーブを想わせる香りのするロワール地方のソーヴィニヨン（・ブラン）も同じボトルを使っています。赤ワインなら、ブルゴーニュ地方のピノ・ノワールやガメイ。ローヌ地方なら、シラー種やグルナッシュ種などがあります。

ドイツのフランケン地方が代表的な**ボックスボイテルタイプ❹は、酸味をしっかり感じるキレのいい白の辛口が多いですね。**30年ほど前に日本でブームになったポルトガルワイン「マテウス・ロゼ」も同じ形です。

特徴的なのが**プロヴァンスタイプ❺です。ボディのまん中あたりがキュッと締まってグラマーな雰囲気。これはほぼプロヴァンスのロゼワイン限定です。さらにイタリアでは魚のような形をしているものもありますよ。**

ボトルを見るだけでも産地や使われているブドウ品種などが予想できるので、ワイン選びの際に覚えておくと便利でしょう。

PLUS α

お気に入りポイントを見つける

「ジャケ買い」は、新しい出合いのきっかけ

ワインを楽しむために、まずは自分に合った味を探るのは基本ですが、ラベルを見て決める、いわゆる「ジャケ買い」もワインの楽しみのひとつでしょう。一度、ラベルに惚れて買ってみてください。それだけで少し気分が上がるはずです。それからじっくりと飲んでみてください。想像通りだったり、意外な美味しさに目覚めたり、ラベルを肴に誰かとグラスを傾けたり、いつもとは違った楽しみ方がありそうです。

ラベルのデザインには多くの人にそのワインを手に取ってもらえるように、ワインメーカーの主張が表れています。たとえばチョコレートのラベルなら、中身もチョコレートのようにとろけるような味わいをイメージしてもらえそうです。実際に飲んでみると、本当に香りもカカオが感じられるような香ばしさを味わえたりするんです。豚の絵が描いてあるものは、豚肉と合わせてほしいという造り手の想いが込められていたりします。

Amazonソムリエが選ぶジャケ買いしたい8本

スペイン

ラ・エスタカーダ ガルナッチャ

ラベルの花柄のデザインが可愛いですよね。Amazon 直輸入ワインです。カジュアルに飲みたいときに用意していただきたい１本です。
スペイン産でガルナッチャというブドウ品種を使っているんですが、ブドウ本来の甘味と渋味の柔らかな部分がうまくバランスが取れていて、口当たりのタッチがスムーズなんですね。赤ワインのまとまりのある味わいとしておすすめしたいひとつです。

赤・ミディアムボディ

750ml 2019年秋発売予定

ガルナッチャ種

イタリア

テッレ・ディ・ファイアーノ・プリミティーヴォ・サレント

IGP・オーガニック

オレンジ色の温かみのある色調のラベルです。使われているプリミティーヴォは南イタリアのブドウ品種で、カリフォルニアに行くとジンファンデルと呼ばれます。EU のオーガニック認証を取ったブドウを使っており、ブドウ本来の甘味が残ります。さらにこの銘柄は、樹上で陰干しし、干しブドウに近いくらい水分を減らしたブドウを使うため、甘く味つけしたわけではないのに濃縮した旨味のような甘味が感じられる１本です。

赤・フルボディ

750ml 2019年秋発売予定

プリミティーヴォ種

ポルトガル

ポルコ ティント

豚がラベルに描かれていて、豚料理におすすめの１本。豚がラベルに描かれているのは珍しいとも思えますが、ヨーロッパのワインではちらほら見かける図案です。ポルトガル産の赤ワインですが、地ブドウをブレンドしたしっかりとした辛口。生ハムやソーセージ、味つけ濃いめのメニューが合うでしょう。

赤・ミディアムボディ

750ml ¥1,574

トリンカデイラ種ほか

南アフリカ

ザ・ワイルド・ピーコック "シャルドネ"

華やかなクジャクが描かれたデザイン性の高いラベルも、実際に手に取っていただきたい１本です。絵本の装画みたいに、何か物語が始まりそうでわくわくします。どこの国のワインか一目ではわかりませんが、今注目の南アフリカ産。
これはシャルドネ辛口ですが、このシリーズはほかのブドウ品種で造られたものもラベルが可愛いんですよ。ソーヴィニヨン・ブランの「ザ・フラワー・ガーデン」、サンソーの「スナッパー」。特にスナッパーは、鯛が描かれていて縁起がよさそうな１本。サンソーというブドウはフルーティでジューシーな味わいです。

白・辛口

750ml 2019年秋発売予定

シャルドネ種

日本

丹波ワイン アッサンブラージュ

水墨画のようなタッチで、枝ぶりと色づきが始まった頃のようなブドウの実っている様子が美しく描かれています。和風なイラストからも、日本料理と相性がよさそうかなと想像します。

白・辛口

720ml ¥1,380

シャルドネ種ほか

イタリア

イ ムーリ ネグロアマーロ

黒がベースでセンスがいいラベルは、南イタリアのプーリア州産。このラベルを見たときに、「上手だな！」と思いました。トカゲの尻尾、足跡のデザインがかっこいいですよね。
実際に人気もあって、ちょっと甘い果実味が残る味わい。濃縮感というか、果実感の濃さが人気の秘訣でしょうね。

赤・フルボディ

750ml ¥1,620

ネグロアマーロ種

ドイツ

デクスハイマー ドクトール ケルナー アウスレーゼ

ブドウの葉をモチーフにしたラベルです。細長くて青いボトルも特徴的です。青いボトルは一時期とても人気があって、特にドイツワインはその傾向が顕著でした。そう考えると、やはり見た目重視でしょうか。ドイツワインはラベルにしっかりとワインの情報を記載するのが一昔前のルールでした。このワインもそれを継承していますが、デザインの中にしっくり納まっています。ケルナー種で造られた甘口白ワインです。

白・甘口

750ml ¥2,181

ケルナー種

イタリア

プラネタ シラー マロッコリ

プラネタ社はシチリア州屈指のワインメーカー。イタリアらしい月神のレリーフがベースとなっている図案です。同社のシャルドネ種の白ワインには太陽が描かれており、ともに古代ローマっぽさを感じさせます。

赤・フルボディ

750ml ¥4,625

シラー種

自然派ワインという選択肢

近年、「自然派ワイン」あるいは「有機ワイン」という言葉を耳にする方も多いのではないでしょうか。

「有機ワイン」は、殺虫剤や除草剤、化学肥料を使用しない有機農法によって作られたブドウを使ったワインのこと。ＥＵでは厳しい規定を3年以上守って初めて「有機ワイン」として認定されます。

一方の「自然派ワイン」ですが、厳密な規定はありません。ベースは有機栽培のブドウを使用し、天然酵母を使って醸造されたもの。酸化防止剤を使わなかったりごく最小限に抑えたもの、味わいの調整として補酸や補糖をしない、手摘みで収穫する、特殊な醸造技術を用いないなどさまざまなものがあります。まとめるなら、なるべく自然なままの畑で栽培し、ワインが誕生した古代に近い状態で醸造するということですね。このこだわりがあるので、好きな方は本当に好きです。

ですが、それだと虫がつくし、病気にもなりやすく収穫量が安定しません。しかも樹を1本ずつ見廻るので、人手や経費に影響します。当然価格にも及ぶことが考えられます。

また注意していただきたいのは、**必ずしも「添加物=悪」ではないということ。添加物があるからこそ美味しく飲めている、という側面があるんです。**

たとえばリンゴも皮を剥いた瞬間から酸化して風味が飛ぶわけですが、それがブドウでも同じです。搾った瞬間から酸化が始まるんですね。そこに酸化防止剤（二酸化硫黄、亜硫酸塩）などを添加するからこそ、ワインが雑菌に侵されずにでき上がります。もちろん、食品添加物としての基準をクリアして使っています。

コンビニで売っているペットボトル飲料のラベルを見ると、安定剤だったり甘味料、もちろん酸化防止剤などいろいろ入っていることがわかります。そこに目くじらを立てる人はいませんよね。だから私は、「ルールを守って使われているんだったら、できたものを楽しめばいいいんじゃないか」と思うんです。

農薬にしても、有効な肥料をまいて栽培しているからこそ、1000円以下のワインを造ることができます。効率よく肥料や薬材を組み合わせながらブドウ栽培をしてくれる人たちがいるおかげで、私たちは美味しいワインを手頃な価格で求めることができます。

同じブドウ品種、近い価格帯の普通のワインと自然派ワインを飲み比べてみるのも、面白いかもしれませんね。

「ブランド」は一度忘れて飲みましょう

よくあるお問い合わせですが、過去に飲んだ高級銘柄に似た味で「リーズナブルなもの」を選んでほしいというご要望。たとえば「バローロ」というイタリアワインが美味しかったという記憶があったとして、そのワインのヴィンテージが何年産で、何年経ってから飲んだのかによって味わいが異なります。醸造元によっては長期熟成を意識して仕込むところもあったりするため、ソムリエ側としてはそこも気になります。

また、バローロとは、ピエモンテ州にあるクーネオ県の中の生産地名。日本で例えると新潟県魚沼市のようなものです。そこには多くの蔵元があり、同じ品種を使っていても、蔵元別の味の個性を競っています。そして、ヴィンテージも重要な情報です。高いブランドのものほど、よかった年、ちょっとうまくいかなかった年で大きな違いが出てきます。価格で言うと、数千円台から一万円以上と変わってしまうのです。

厳選されたブドウで造られた高いブランドのもの（価格帯の目安として5000円以上）ほど、何年産をいつ飲んだのかが大事です。高品質で人気のあるワインになればなるほど、醸造されてから蔵元で大切に寝かされます。その後大体2年から5年経って市場にリリースされるのです。

だから一口に「バローロが好き」と言っても、あまりに漠然とした情報でしかないので、その方の好きな味に再びめぐり合う可能性は低くなってしまいます。あるバローロが美味しかったのなら、「何年産の○○さんが造ったものをいつ頃飲みました」というところまで押さえていただくとかなりわかりやすくなります。ただイタリア語など**外国語のラベルで生産者名を見分けるのも難しいので、写真に撮っておくのがおすすめです。**

ソムリエサービスへのご要望に戻りますが、「バローロみたいな味で予算は1500円」と言われても、正直、満足いくものはおすすめしづらい、というのが本音です。そもそも、バローロという銘醸地なのでワインの質も高いですし……。

日常的に飲むワインで美味しいものをお探しでしたら、まずは、渋さや重さ、酸味、辛口・甘口などのお好みを教えてください。この内容をお話しできると、大体お好みの味わいがわかります。ご予算もですね。最後に印象に残っているブランドがあったら教えていただければ……このくらいで問題ありません。

飲みたいワインを Amazon ソムリエに相談できる！

美味しいワインが飲みたいけれど、種類がたくさんありすぎて選べない！ そんなとき、強い味方になってくれるのが「Amazon ソムリエ」。ベテランソムリエが、メール、電話で相談に乗ってくれるサービスです。簡単操作で利用でき、サービス料金も電話代も無料。ワインに関することなら何でも OK なので、贈答用ワインやお料理に合わせたいワインなどもお気軽にご相談ください。約 3 万点以上の品ぞろえの中から選ばれた美味しいワインが、在庫があれば注文して最短 1 日でご自宅や贈答先など、ご希望のお届け先に届きます。

メールでお問い合わせする場合

1 お使いの検索エンジンで「アマゾンソムリエ」を検索して、検索結果：「Amazonソムリエ | ワイン 通販 | Amazon.co.jp - アマゾン」をクリック。

2 スクロールすると「Amazonソムリエの使い方」と出てくるので「メールでのお問い合わせ方法」の青字になっている「メール」をクリック。

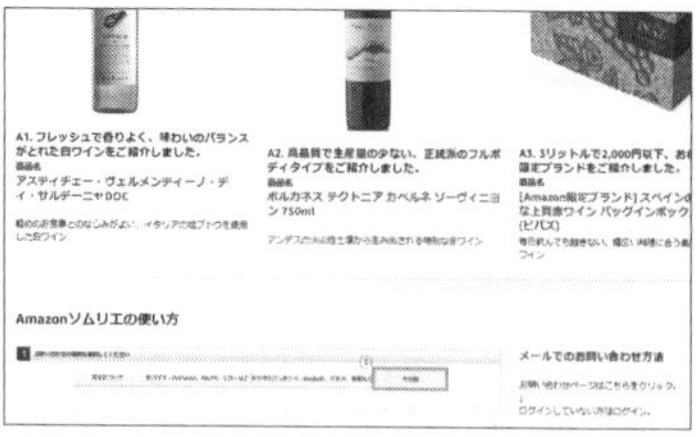

3 メールフォームを入力

ログインしていない方はログイン。

⇩

お問い合わせの種類で「その他」（①）が選択されていることを確認。

⇩

お問い合わせ内容（Amazon ソムリエへのワインに関する相談（②））と詳細内容（③）を選択。

⇩

「E メール」ボタン（④）をクリックし次のページへ。

4 お問い合わせの詳細を入力

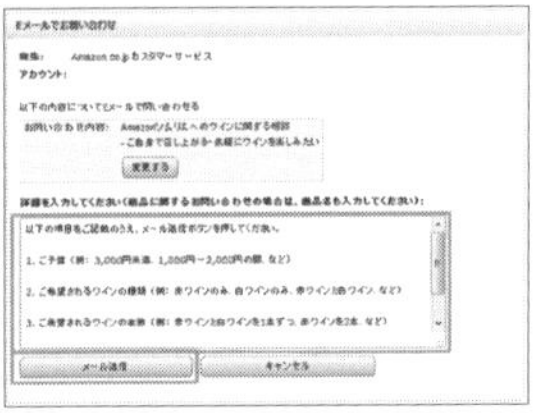

「ご予算」「ご希望されるワインの種類 」「ワインの本数」「詳細・ご要望」等を明記したテキストを入力。商品に関するお問い合わせについては商品名も入力してください。

(例) 1本2000円まで
赤ワイン、白ワイン　各1本ずつ
週末にBBQをするので、それに合いそうなワインのおすすめが知りたい。

5 メール送信をクリックして完了

※メールでのお問い合わせは24時間受け付けております。ソムリエからの返信は、お問い合わせいただいた順の対応となりますため、お問い合わせを頂戴した翌営業日以降となる場合もございます。あらかじめご了承下さい。

電話でお問い合わせする場合

1 ワインの商品ページで📞マークを探す

青字で表示されている「次の画面で電話番号を入力いただくと、お客様のお電話がなります。」をクリック。ログインしていない方は、表示に従ってログイン。

2 電話番号を入力

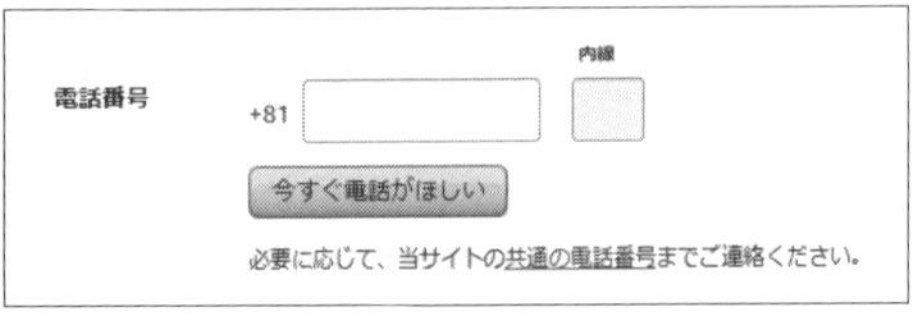

ログインしたら、画面に電話番号を入力。「今すぐ電話がほしい」ボタンを押すと、Amazonから電話がかかってきます。

※対応時間:月-金12:00～18:00 祝祭日・年末年始除く(日本語のみ対応)。
対応時間以外は商品ページに電話マークは表示されません。

LESSON 2

テーマに合わせて選ぶと、ワインはもっと楽しい

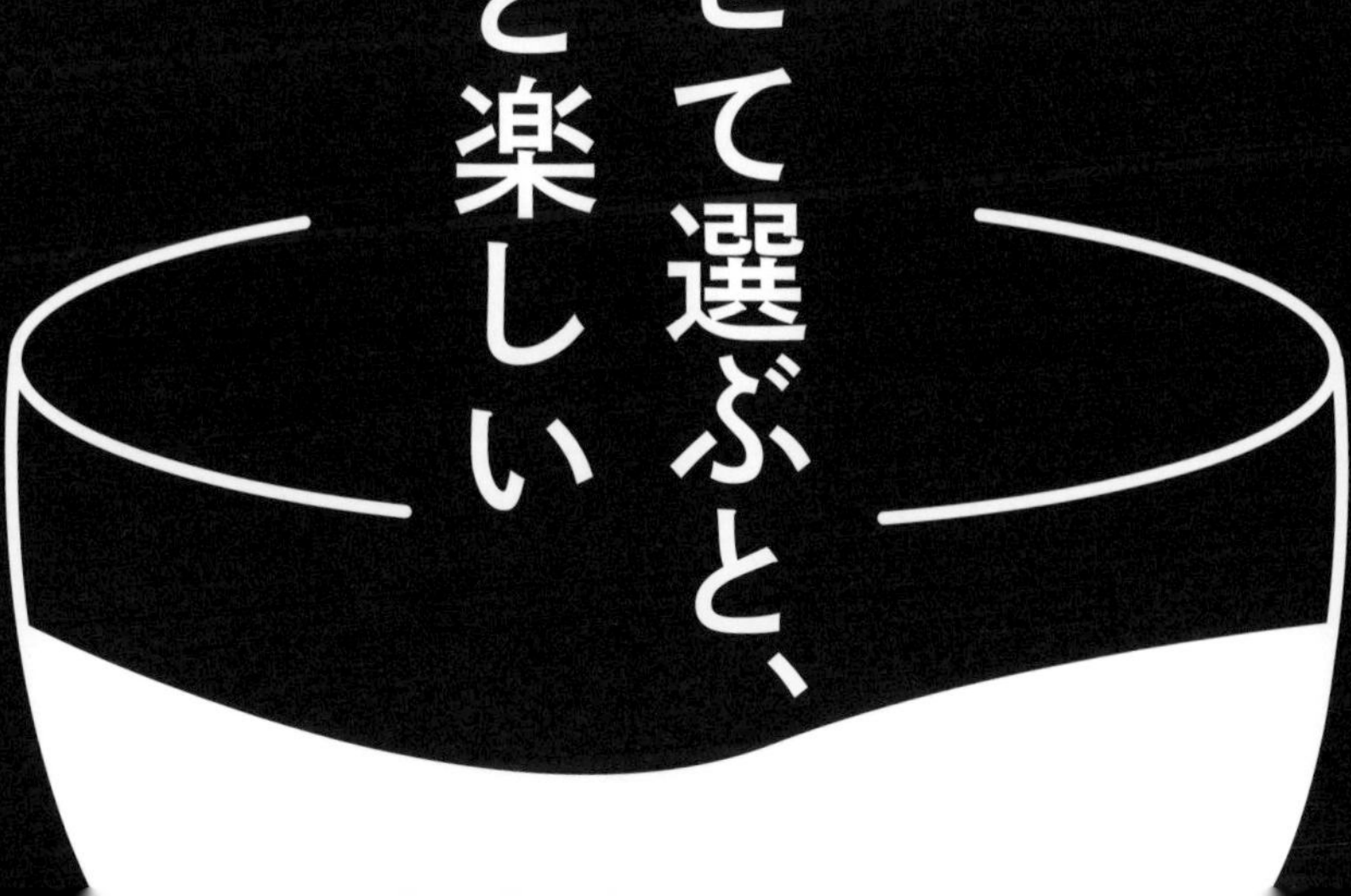

セレクトテーマでもっと広がるワインの世界

「お気に入りの1本」を見つけたら、「テーマ」を決めていろいろなワインを試してみると、もっとワインが楽しくなります。「お気に入りの1本」だけを飲むのではなく、テーマを決めて「お気に入りを広げて増やす」イメージです。

ワインの歴史に思いを馳せるのもよし、産地に想いを馳せるもよし。ワイングラスを傾けると、いつものダイニングが不思議と素敵な空間に早変わり。なんだか心も躍ります。一緒にいただく食事も、テーマに沿って現地で楽しまれているものを用意すればパーフェクト。きっと会話も弾むことでしょう。

歴史や産地に思いを馳せると、「今度は同じ産地で別のブドウでできたワインはあるのかしら?」とか「同じブドウでも、違う場所で造ると味は違うのかなぁ」といった気持ちも芽生えます。飲み比べる楽しさに、自然と目覚めるんですね。

ワイン発祥の地・ジョージア（旧グルジア）、ワインの王国と呼ばれるイタリア、高級ワインのイメージが強いフランス、そのフランスと競り合うほどクオリティの高いカリフォルニアにも、リーズナブルに楽しめるワインがあります。「ニューワールド」と呼ばれるチリ、アルゼンチン、オーストラリア、南アフリカのワインも、醸造技術の発展もあって美味しいワインがたくさん。テーマに沿って、いろいろ飲んでいただきたいですね。

先に料理を決めてからワインを選ぶという楽しみ方もおすすめです。料理に合わせたワインを選ぶことで、これもまたワインの生まれた場所に想いを馳せることになります。**基本的に、その地方の料理に合うのは同じ地方のワインですから**。チーズもまた、ワインとは切っても切れない間柄。お互いのよさを引き出して、ワインだけで味わう以上の「口福《こうふく》」を感じられることでしょう。チーズにも産地の特徴がありますから、食べ比べも楽しいと思います。

春夏秋冬、四季に合わせてワインをカスタマイズするのも、日本ならではの楽しみ方でしょう。桜とロゼワインを合わせたり、カクテルにしたりホットワインにしたり、アレンジはそれこそ無限大です。「お気に入りの1本」にこだわりすぎず、テーマを広げてどんどんワインを飲み慣れていただきたいですね。

THEME 1

ワインのルーツを楽しむ
～味覚で歴史をたどる旅～

ジョージアワインを知っていますか？

「ワイン発祥の地」として知られるジョージアでは、赤ワインや白ワイン、ロゼワインとも趣きの異なる「オレンジワイン」の生産が盛んです。その起源は紀元前6000年頃。これは、日本の縄文時代早期から前期にあたります。そう考えると、感慨深いものがあります。そこから長い歳月を経て、ワインは世界中で楽しまれるようになったのです。

世界で最初のワイン、オレンジワインの原料は白ブドウです。白ワインは果汁のみを使いますが、オレンジワインは赤ワインのように皮や種子も一緒に醸造します。そのため、**「白ワインなんだけど、渋味が溶け込んでいる」というのが大きな特徴**。「フルコースに合わせやすい」ということで、ここ数年は大注目されているワインです。白ワインでは物足りない、パワーのある肉料理に合わせやすかったんですね。

ジョージアは家庭菜園のブドウを家で仕込む「自家醸造」が許されている国ということもあり、農薬をあまり使わずに育てられたブドウで造られているという特徴も。**自然派ワインへの注目の高まりも、オレンジワインの再評価につながっているようです。**そのためか、近年ではジョージアのみならずフランス、イタリア、日本やオーストラリアでも、オレンジワインは造られています。5000円も出せば大体買えますし、2000円前後のものも出回っていますから、一度試していただきたいですね。アジアとの境目にあるヨーロッパの国の雰囲気を楽しんでもらえるといいなと思います。

ジョージアは、ほかにも甘い赤ワインが有名です。**茶色い陶器のボトルに入っています。これはもともと大きな陶器の壺を土に埋めてワインを造っていた名残です。壺に入れてブドウを上から潰していたんですね。それを皮についた菌で自然発酵させて、どぶろく感覚で飲んでいたようです。**

そのイメージを瓶の形に残しています。歴史が感じられますし、いろいろデザインも違いがあって面白いと思います。辛口もありますから、こちらも試していただきたいですね。

EPAで広がりを見せるオールドワールド

ジョージアで生まれたワインは、トルコを経て紀元前4000年頃に東欧のブルガリアやルーマニアに、さらに紀元前3000年頃にはモルドバやギリシャまで伝わります。スペインやイタリア、そしてフランスに伝わるのは紀元前1100〜600年頃まで待たねばなりません。私たち日本人になじみが薄い地域にも、ワイン文化はしっかり根差していました。

モルドバやルーマニアのワインも、最近では日本にも少しずつ輸入されてきています。ギリシャもそうですね。

\>> ワインのルーツマップ

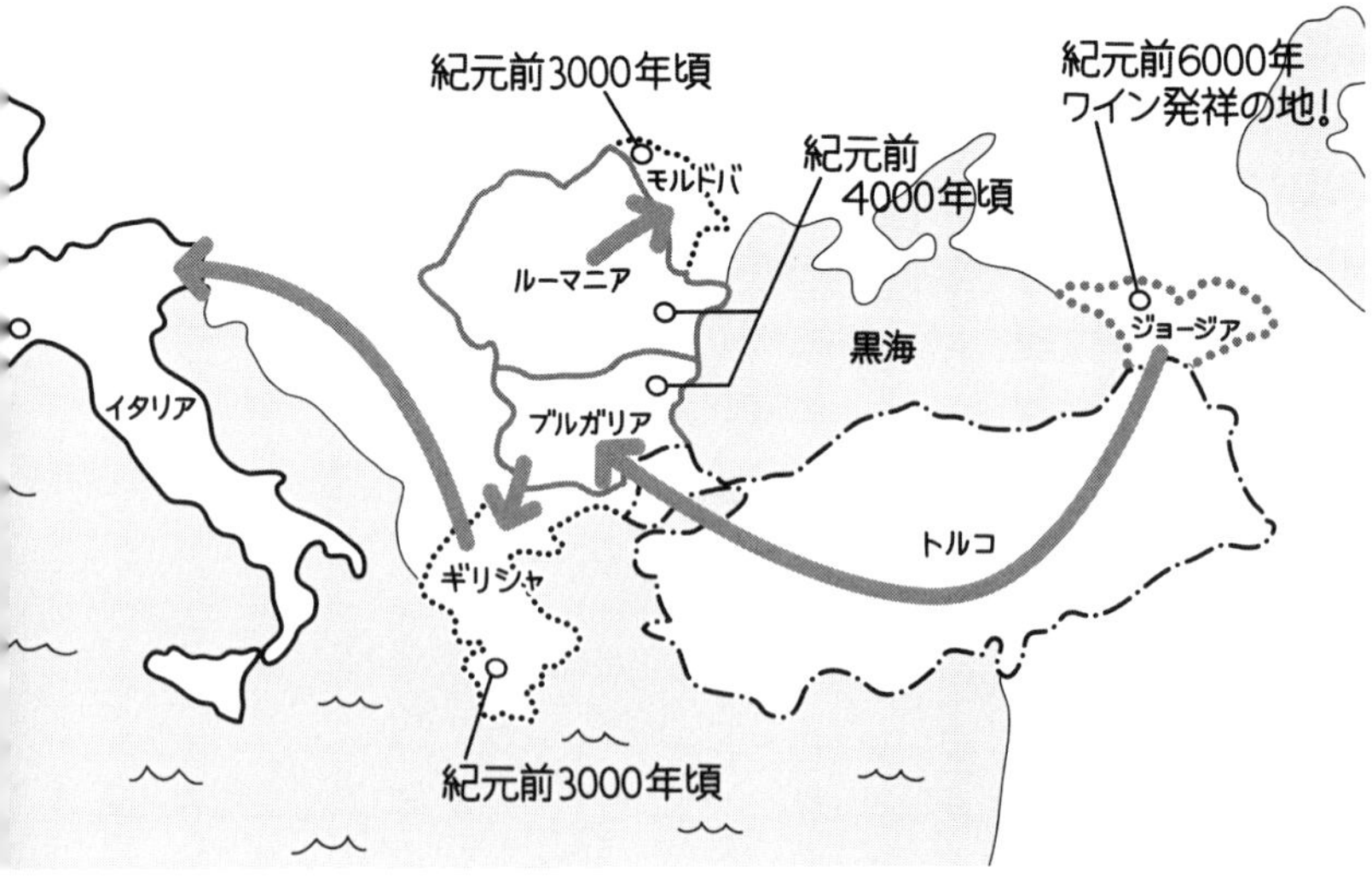

おそらく、西の国の人々も日本でワインが飲まれているということをあまり知らなかったのだと思います。

ヨーロッパのＥＰＡ（経済連携協定：関税撤廃・削減やサービス貿易の自由化に加え、さまざまな経済分野での協力促進を取り決めた条約）で、それまで意識していなかった日本市場に目が向けられるようになりました。

黒海沿岸の国々では、ようやく地ブドウを使ったワインを産業として意識し始めた、ということもあると思います。歴史のあるワインが、世界の市場でも注目されるようになったということですね。

モルドバとルーマニアは、徐々にワインの銘柄が増えてきました。ワイン市場で人気のあるブドウを使ったものや、地ブドウの個性豊かなものもあり、味わいも幅広く楽しめます。

モルドバやルーマニアに比べると、ギリシャはまだ私たち日本人にはなじみのある国でしょう。小さな島が点在していて日照量も多く、気候も温暖。魚介類も獲れて山の幸もあ

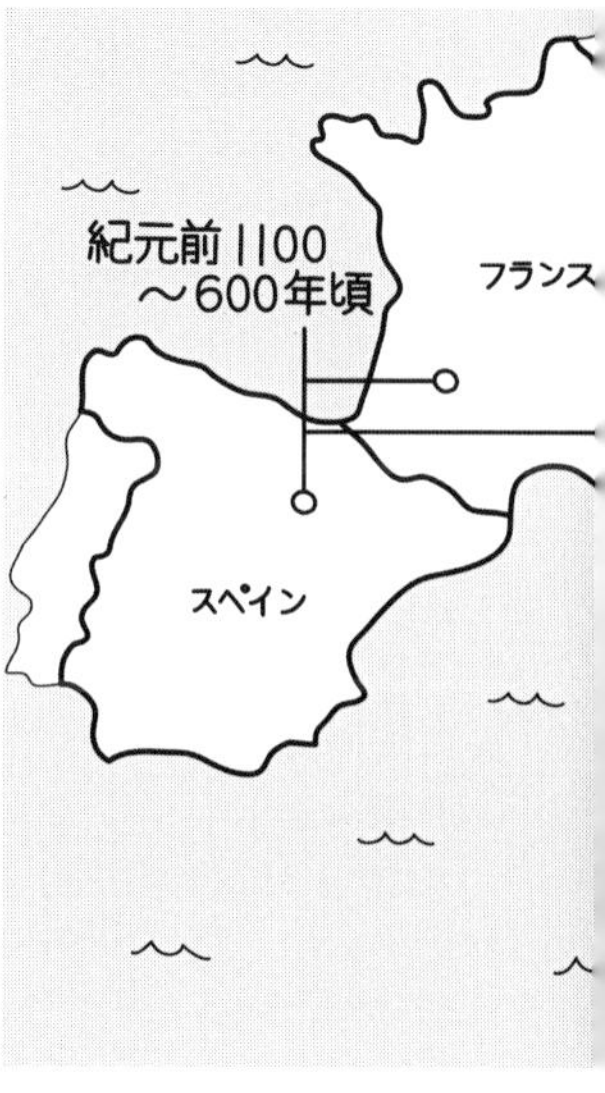

りますから、食材が豊かな点も日本と似ています。

冷やしたワインを昼間から飲みたい休日などは、ギリシャの白ワインをおすすめします。あとは甘口のワインも美味しいですよ。ギリシャワインもＥＰＡがきっかけで流通量が増えています。文化や神話に想いを馳せながら味わうのも楽しいと思います。

そして、日本ワインを楽しむ

そのような長い歴史の果てに、とても嬉しいことに、近年は「日本のワインが好き」という方が増えています。

ここ20年くらいは日本酒の蔵元の跡継ぎの方がワイン造りを始めるケースも増えてきました。ブドウの木を植えて、収穫してワインになるまで大変な農作業なのですが、それでもトライする方が増えているんです。現在は２００メーカー以上あると思います。

日本固有のブドウ品種は、日本で造られた交配品種のマスカット・ベーリーＡが赤ワイン、それと甲州種が白ワイン。この2種が双璧ですね。甲州種は、昔はさほど評価されていませんでした。甲州種の果皮を漬け込んだ淡いピンク色で、万人受けするように薄っすらと甘口に仕上げてある「おみやげワイン」でした。それが今となってはずいぶん脚光を浴びるようになりました。しっかり辛口で、鯛やヒラメの刺身、白身魚に合うんですね。出汁を使うような食事にも合うし、日本人の舌にも合うのだと思います。

飲食店にも出回るようになってきて、小売店でなかなか買えないくらい人気のものもあります。和食屋さんに限らず、ビストロやバルでも、グラスワインに日本のワインを出すお店が増えましたね。わりとリーズナブルで、グラスで売るにはちょうどいい単価という背景もあるかもしれません。

醸造家の方々もとても勉強熱心なので、技術も飛躍的に向上していて、評価もうなぎ登り。2019年6月に大阪で行われたG20でも、「フランスのマクロン大統領がおかわりした」とニュースになりました。数年前に雑誌で日本ワインの特集が組まれたとき、フランス人のトップソムリエが日本ワインをテイスティングして、高く評価をしていたものがありました。それはたしかシャルドネ種でした。

醸造家の、世界市場に合わせたレベルに持っていきたいという想いが、日本ワインの質を高めています。けれどもその一方で、値段も高級になってきています。甲州は地ブドウなので安価ですが、シャルドネは国際品種です。いいものになると少し値段が高めになってきました。樽を効かせたりするとなおさらです。

今後も新しいワイナリーが出てくると思いますが、質も価格も競争が激しくなって、日本ワインもこれからは徐々に淘汰されていくでしょう。現状、価格設定が高すぎるかもと思えたり、品質がいまひとつだったりするものでも、ブームになっていますから……。「応援したい」という気持ちは大賛成。「日本のワインってこんなに美味しかったの⁉」と感動したり、愛情を持って飲んでいただいてはいると思うのですが、なんでもかんでもありがたがる必要はありません。もちろん、美味しいワインを造っているなと思ったら、そのワイナリーの応援団になってあげてください。よいものは、どんなに高くても売れるものです。大切なのは、飲む側が一方的に踊らされない、ということでしょう。

もうひとつ、「大手だから美味しくない」というような先入観を持たないことも大切です。長く日本産ワインをけん引してきた大手メーカーは、とても素晴らしい技術でワインを造っています。彼らが続けてきてくれたからこそ、今の日本のワインがあると私は思っています。そういうところも含めて楽しんでいただきたいと思います。

ワインのルーツを楽しむおすすめワイン

日本　　オールドワールド　　ジョージア（オレンジワイン）

5 日本

シャトー・マルス　甲州
オランジュ・グリ 2016年

白・辛口
750ml ¥2,080
甲州種

3 イタリア

ダミアン
ピノ・グリージョ
2015/2016

白・辛口
750ml ¥5,798
ピノ・グリージョ種

1 ジョージア

シャラウリ・ワイン・
セラーズ ムツヴァネ
2014

白・辛口
750ml ¥3,708
ムツヴァネ種

6 日本

ココ・ファーム・
ワイナリー 甲州
F.O.S. 2017

白・辛口
750ml ¥3,798
甲州種

4 フランス

バッド ボーイ ヴァン
オレンジ 2014

白・辛口
750ml ¥5,656
セミヨン種

2 ジョージア

ヴァジアニ・カンパニー
マカシヴィリ・ワイン・
セラー ルカツィテリ 2016

白・辛口
750ml ¥3,598
ルカツィテリ種

THEME 2

自宅でトリップ気分
～産地に想いを馳せながら～

ワインで世界を旅しましょう

ワインには8000年近い長い歴史があるにもかかわらず、世界的にワインの醸造技術が発達し、品質がグンと成長したのは1970年代以降でした。それまでは、特に造り手に向上心があるわけではなく、なんとなく昔から造っていて「みんな飲んでるよね」くらいの地元の飲みものだったのです。

それが80年代に入って、当時の若い世代の方たちに「対外的にいいものを造っていく」という意識が芽生えて技術が飛躍的に進歩しました。**ひとつのきっかけは、1976年に行われた「パリスの審判（※）」というブラインドテイスティング対決。そこでカリフォルニアワインがフランスの超一流ワインを上回る評価を与えられたことが、若き醸造家たちの野心に火をつけました。**ブドウも、戦争が落ち着いて60年代に植えた苗が生育して質のいいものが収穫できるようになり、「よいものを美味しく飲む」という余裕も生まれてきた時代です。こうして世界中のワイナリーが切磋琢磨し、それぞれのベスト・オブ・ベストを追求するようになったのです。

日照量、降雨量、土壌――ブドウができる気候、栽培条件が違うとブドウにそれぞれ個性が生まれます。各ワイナリーはその「個性をどう生かすか」を考え、それぞれがこだわりの1本を生み出し続けています。

ここでは、それぞれの産地のブドウの特性、造られているワインの特色をご紹介します。日本で買いやすい、それぞれの地区を代表するワインも取り上げます。

ワインを味わいながら、その土地の気候や雰囲気を思い浮かべたり、旅行などで訪れた経験がある土地であれば、その思い出に浸ったりしながらゆったりとした時間を楽しんでみてください。

※パリスの審判：1976年、イギリス人ワイン商であるスティーヴン・スパリュアが、パリでフランスを代表するワイン業界の人々を集め試飲会を開催。そこで行われたブラインドテイスティングで、カリフォルニアワインがフランスの名だたる生産者を抑え、赤ワイン・白ワイン両部門で1位を獲得して世界に衝撃を与えた。

親しみ深いイタリアワインを味わう

かつてブドウを持ち込んだギリシャ人が「エノトリアテルス（＝ワインの大地）」と名づけたイタリア。**ブドウの生育に適した気候で、現在は国内すべての州でワインが造られ、100種類を超える地ブドウがあると言われています。**

どの家庭も、近所のワイナリーが造っているワインを日常消費用に買って飲んでいるんですね。それくらい、ワインが普段からあって当たり前のもので、生活に溶け込んでいる国です。イタリア人にとってワイナリーは、日本人にとっての酒蔵よりも愛着があるようです。

そんなイタリアは大きく3つの地域に分けられます。北部イタリア一帯、中部イタリア一帯、南部イタリア一帯――それぞれの特徴とおすすめワインを見ていきましょう。

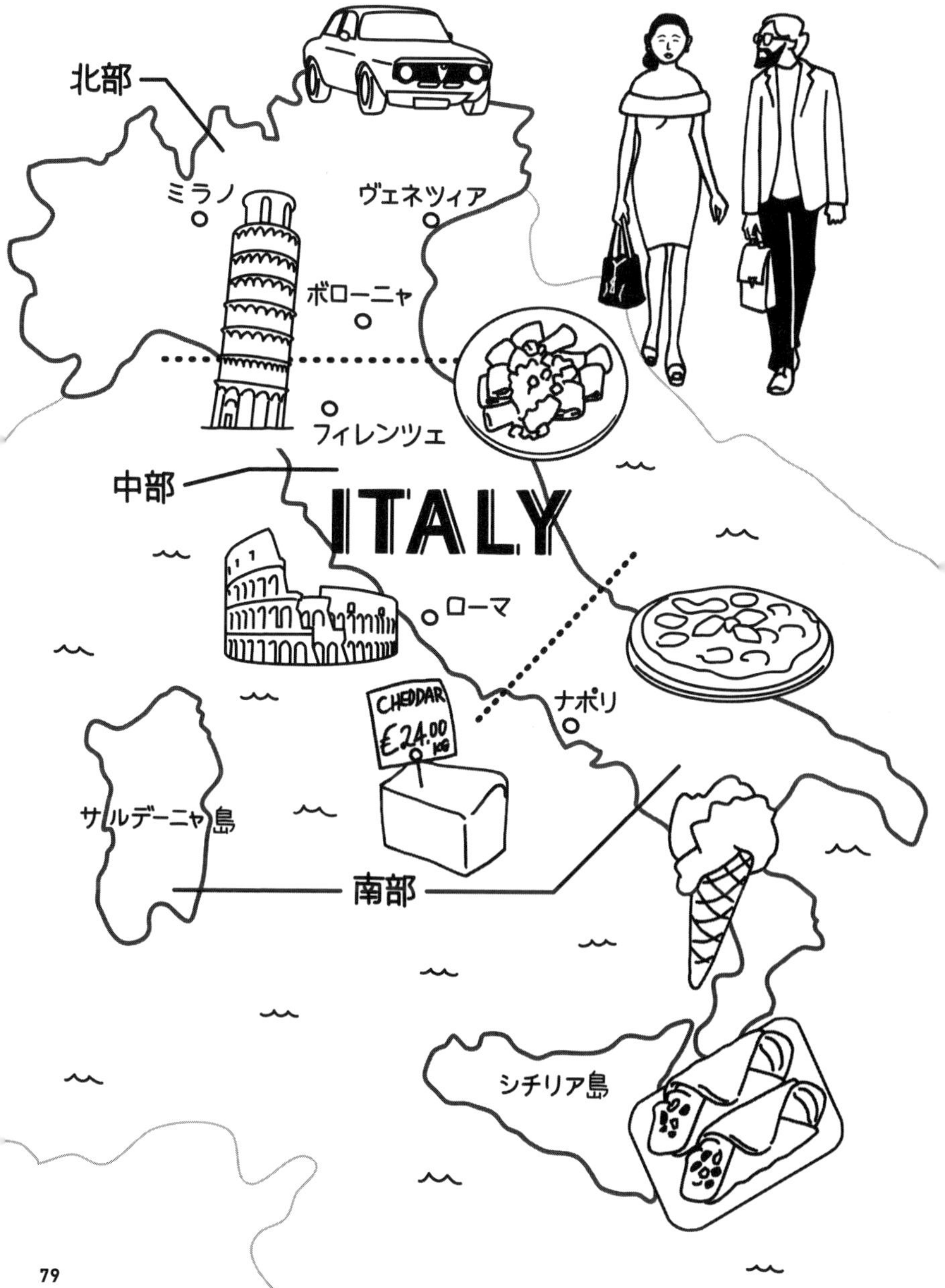
北部
ミラノ
ヴェネツィア
ボローニャ
フィレンツェ
中部
ITALY
ローマ
CHEDDAR
€24.00 KG
ナポリ
サルデーニャ島
南部
シチリア島

北部イタリア一帯

北部イタリアの東西に広がるアルプス山脈のすそ野に広がるこの地域は、温暖な気候の中にもしっかりと寒暖差があるのが特徴です。このようにある程度の寒さと気温差があると、ブドウが酸味を持ってきちんと熟成してくれます。もし熱帯の気候でブドウを育てたとしたら酸味が不足した、とろっと甘い果実になってしまいます。

北部イタリアの気候に合った銘柄は、ネッビオーロ種で造られたバローロです。長期熟成のものも造られている重厚な赤ワインで、かつて「王のワインにして、ワインの王」と呼ばれていた銘柄。前にも触れましたが、バローロは地区名で生産者が大勢いて個性もさまざま。価格帯は3000円前後から数万円クラスまで幅広いもの。生産者や生産年、熟成度合によって価格は大きく変わります。

ネッビオーロ種は、**酸味も比較的ありますが、タンニンも多く渋めです。香りはすみれやチェリー、プルーンに形容され、滑らかなタンニンの凝縮感と、きのこのような土っぽい風味も持っています。**

>> 北部イタリアおすすめワイン

イタリア

フラッテリ・ジャコーザ
バローロ

DOCG

バラのように優美でかつ追憶的な香りが広がり、長く持続する。辛口で調和が取れた滑らかな口当たり。

赤・フルボディ

750ml ¥4,860

ネッビオーロ種

中部イタリア一帯

中部イタリアは、半島部分の日差しも溢れる暖かい地域。それでも四季はあります。トスカーナ州のフィレンツェは、日本の釧路と同じ緯度と思えないほど温暖です。

トスカーナは肉料理でも有名で、それに合う食中酒として赤ワインがほとんどです。**舌の上から脂を流すには、やっぱりタンニンの渋味と果実の酸味のバランスが取れた赤ワインが合うんですね。**この地方で特に有名なのはサンジョヴェーゼ種で造られるキャンティです。かつては、ワラで巻かれた丸いボトルも有名でした。これは柱にぶら下げたり、持ち運びで割れないように、という時代の名残りです。

バローロと同じくすみれやチェリーのような香りが立ち、渋味と酸味がバランスよく含まれるこの銘柄は、ワイナリーによって価格帯が幅広いのも特徴です。

もうひとつ大きな特徴は、昔から白ブドウと混植していたこともあって、**白ブドウが10%程度ブレンドされているものも。**サンジョヴェーゼ種自体は、70%以上であればブレンドの割合は造り手に任されています。

>> 中部イタリアおすすめワイン

イタリア

キアンティ ポッジョ カッポーニ

紫を帯びた美しいルビー色。さくらんぼのような赤い果実の香りで、果実味溢れるやわらかな舌触り。

赤・ミディアムボディ

750ml ¥1,670

サンジョヴェーゼ種ほか

南部イタリア一帯

南部イタリアは海に一番せり出しており、アフリカからの熱い風が入ってくる地中海性気候で、年間を通して暖かい……というより、日本の仙台と同緯度なのに暑いくらいです。

そんな**地域性を色濃く出していると言えるのが、サルデーニャ島全域やイタリア南部沿岸の一部の地域で栽培されているヴェルメンティーノ**。華やかな香りの白ブドウ品種です。ワインになると辛口ですが、野生のハーブやレモンなどの柑橘類を思わせるフレッシュな香りに、グレープフルーツなどを思わせる瑞々しいタッチ。百合（カサブランカ）などの花の蜜のような、華やかなニュアンスも感じられます。その華やかさはソーヴィニヨン（・ブラン）以上です。

周りを海に囲まれている地域で造られているということもあって、魚料理と合わせたい1本です。オリーブオイル、水、魚を入れて蒸し焼きにするアクアパッツァのような料理もおすすめします。

>> 南部イタリアおすすめワイン

イタリア

イス・テッラサ ヴェルメンティーノ・ディ・サルデーニャ
D.O.C.

力強い香りと複雑さが特徴。フレッシュさとアルコール感のバランスがよく、余韻が長い。

白・辛口
750ml ¥1,811
ヴェルメンティーノ種

フランスワインで「テロワール」を感じる

ワインの国、といえばまずフランスが思い浮かびますが、フランスにワインが渡ったのは、意外に遅くて紀元前600年頃。実際にワイン造りが盛んになったのは、3世紀から6世紀のことです。南のマルセイユのほうからブルゴーニュ、ボルドー、ロワール、シャンパーニュと少しずつ北に伝えられたといいます。

もともとは古代ローマ帝国が版図を広げるにあたって、信仰とワイン造りの技術を与えることで支配を固めようとしたのがはじまりです。まずブドウを植えさせ、でき上がったワインでご褒美。さらに布教に利用したんですね。「キリストの肉がパン、血がワイン」という喩えからも、ワインが信仰と密接な関係があることが見て取れます。

そんな歴史を経て、ワイン造りを自分たちのものとしたフランス人は、国を代表する産業にまで発展させました。そして、**フランスではワインは法律によってその品質が保証されています**。では、ワインの価値は何で決められるのでしょうか?

もちろん使われているブドウ品種の希少性や高い醸造技術に裏付けられた味は大切ですが、それ以外にも重要視される要素があります。それが、テロワールです。

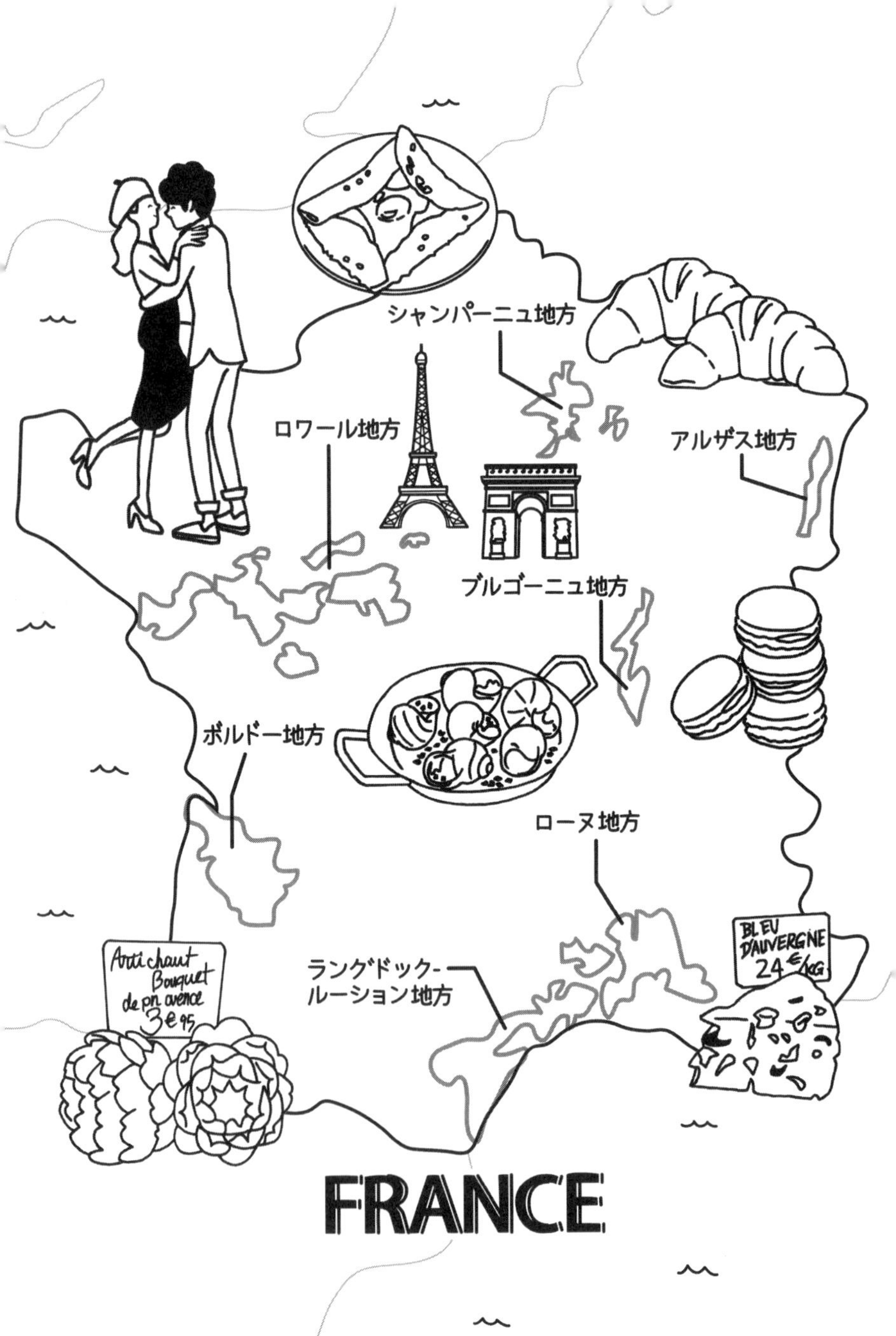
シャンパーニュ地方
ロワール地方
アルザス地方
ブルゴーニュ地方
ボルドー地方
ローヌ地方
ラングドック-
ルーション地方
Artichaut
Bouquet
de provence
3€95
BLEU
D'AUVERGNE
24 €/KG
FRANCE

テロワールとは、ブドウを栽培するためのすべての生育条件のこと。産地の地理、地勢、気候による特徴を指します。特に地理・地勢と、大きな地方の違いはもちろん、路地ひとつ隔てた隣の畑との違いまで細分化されています。つまり、降水量や気温は同じでも、テロワールが違えば価値が変わってくるというわけです。実際、地層や地質が違えば、隣の畑でもブドウが持つエキスやミネラルは変わってきます。

とはいえ、難しく考える必要はありません。美味しいか美味しくないか、好きか嫌いか――7つの地域ごとにご紹介しますので、飲んだときの直感にみなさんは従ってください。それこそが、テロワールを感じる近道だと思います。

ロワール地方

フランスの内陸部から太西洋までつながる1000キロを超えるロワール川。その沿岸地域はフランスの北半分に位置し、パリに近かったため王族が側室を住まわせていて、週末に訪れる場所でもありました。だからシャトー（＝王族や貴族の住居）がいくつも建っていて、今でも観光で行くと遊覧船から見られます。この地域はやや寒い気候のため酸味が乗ったブドウができ上がります。ワイン片手に彼らは愛を語らっていたんでしょう。

ロワール地方は広範囲に広がっているので、区分けされた地域によって栽培されているブドウが異なりますが、**中でも有名なのはソーヴィニヨン（・ブラン）種100%で造られるサンセール**ではないでしょうか。ロワール地方のもっとも内陸部、パリに近いサントル・ニヴェルネという地区で造られた、**爽やかなハーブを感じさせる香りとキレのよい酸味が生きた辛口白ワインです。**

また、もうひとつ覚えておくならペイ・ナンテという地区の**ミュスカデというブドウがおすすめです。手頃な値段でたくさん飲める白ワイン。鮮魚に合わせるなら、シャルドネよりもこちら。生臭さを際立たせないという**

>> ロワール地方のおすすめワイン

フランス

ソーヴィオン ミュスカデ・セーブル・エ・メーヌ エルミーヌ・デュ・カーディナル

花のような香りとエキゾチックなフルーツの香りが感じられ、フレッシュでフルーティな口当たり。

白・辛口

750ml ¥1,694

ムロン・ド・ブルゴーニュ（ミュスカデ）種

フランス

ドメーヌ・ユベール・ブロシャール サンセール キュル・ド・ボージュ 13

凝縮した果実味と心地よい酸味、豊かなミネラル感のバランスが秀逸。8 〜 10年熟成させても美味しい。

白・辛口

750ml ¥4,860

ソーヴィニヨン・ブラン種

特徴があるからです。ミュスカデは、辛口という味わいはシャルドネと同じですが、どちらかというと甲州に近い感じ。ブドウ特有の香りが目立たない点が、甲州と同じです。瑞々しさやすっきりとした辛口という持ち味も似ていると思います。

ミュスカデは味の主張が少ないブドウなので、高級ワインにはなりません。けれども、シュール・リー（澱と一緒に漬け込む手法）を用いると、「ミュスカデ・ド・セーブル・エメーヌ・シュールリー」という長い名前のワインになって線の細い味にコクが加わります。ほどよいコクのある後味すっきりな白ワインとして楽しめます。

ボルドー地方

フランスの南西、ドルドーニュ川とガロンヌ川、その2つが合流したジロンド川を取り巻く一帯にあるのが、二大ワイン産地のひとつとしても知られるボルドーです。**ワイナリーを「シャトー」と呼ぶ**ことでも有名で、城のように大きな醸造所を有していたことからそう呼ばれます。

この地区の特徴は、規定ブドウ品種を複数使って造られる「ボルドーブレンド」。すべてのワインは単一品種で造られていると誤解されている方も多いのですが、ここでは赤ワイン用に5種、白ワイン用に3種を生産者ごとに独自にブレンドして味わいが決まるのです。

おすすめワインは、参考までにカベルネ・ソーヴィニヨンを主体としたシャトー・ラトゥールをご紹介します。１８５５年のパリ万博を機に格付けされたメドック地区のＴＯＰ４シャトーのひとつ。高い品格と歴史を感じられるクラシックな味わいで、力強く男性的と表現されます。

>> ボルドー地方のおすすめワイン

フランス

シャトー・ラトゥール 2006

クラッシックなスタイルで、そのヴィンテージにかかわらず高い品質を保つ、力強く、気品に満ちたワイン。

赤・フルボディ

750ml ¥155,520

カベルネ・ソーヴィニヨン種ほか

シャンパーニュ地方

33ページでも触れましたがパリの東北東に位置するシャンパーニュ地方は、寒さが厳しかったことから、安定したブドウの収穫が見込めなかった地域。そのため、毎年保管したワインをブレンドして、ベースワインを造り、瓶内でもう一度醗酵させたスパークリングワインを造って安定供給しています。スタンダードのクラスがNon Vintage［NV］（生産年表記無し）なのはそのためです。

シャンパンは食事にも合う泡立ちきめ細かな辛口スタイルが人気で、シャルドネとピノ・ノワールなどを使って造られます。これらは後でご紹介するブルゴーニュ地方の主要品種でもあります。

有名なドン・ペリニヨンは、醗酵によるガスを閉じ込めたワインを発明した修道士の名前が由来。とはいえ、当時は現在のものよりも甘かったと言われています。ちなみに、初めて辛口のシャンパンを造ったのはポメリーというメーカーです。

シャンパーニュは瓶内二次醗酵をさせるために、当時は加える糖分や酵母が安定していなかったこともあり、醗酵がよすぎて爆発していたそうです。瓶自体も、不純物を含んでいたため割れやすく、セラーの中で割れてしまうことも多かったようです。現代の私たちが遠く離れた日本でシャンパンを楽しんでいるのは、当時からすると奇跡に近いことだと言えるでしょう。

ロシアやイギリスにも人気があって輸出されていました。ハードリカー以外にもワインやシャンパンも好んでいたようです。特にシャンパンはステータスを象徴するような「贅沢なワイン」として重要なものでした。

>> シャンパーニュ地方のおすすめワイン

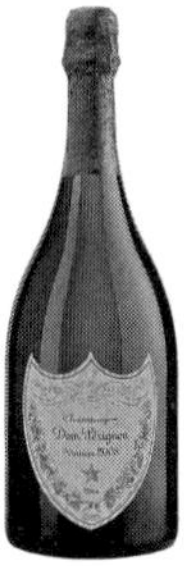

フランス

ドン ペリニヨン
ヴィンテージ 2009
ギフトボックス入り

“シャンパンの祖”と言われるドン・ピエール・ペリニヨンの偉業を受け継ぐ最高のシャンパン。

スパークリング・辛口

750ml ¥21,384

シャルドネ種ほか

発泡性があるものはどこでも人気がありますね。同じように寒くてブドウが育たないノルマンディーも、リンゴや梨でシードル（＝サイダー）を造りますが、こちらも発泡性です。

ブルゴーニュ地方

ボルドー地方と並ぶもうひとつの偉大な産地、ブルゴーニュ地方。内陸の東寄りで、ボルドーよりも少し寒い気候です。日当たりのいい丘には、ブドウ畑を作ることができる面積が少ないため、土地評価が高い地域です。そうなると、その土地は「誰が継ぐのか」と奪い合う対象になります。相続するにしても、莫大な税金がかかります。最近では、中国の方が土地を買いに来るそうです。ボルドーもそうですが、すでにいくつかのワイナリーが買われています。

それはさておき、**ボルドーの複数品種のメランジェ（＝ブレンド）の技に対して、ブルゴーニュは単一品種でのワイン造りをモットーとしています**。赤ワイン用ではピノ・ノワール種またはガメイ種を使い、白ワインではシャルドネ種がほとんどです。

郵便はがき

141-8205

おそれいりますが
切手を
お貼りください。

東京都品川区上大崎3-1-1

株式会社CCCメディアハウス

書籍編集部 行

■ご購読ありがとうございます。アンケート内容は、今後の刊行計画の資料として利用させていただきますので、ご協力をお願いいたします。なお、住所やメールアドレス等の個人情報は、新刊・イベント等のご案内、または読者調査をお願いする目的に限り利用いたします。

ご住所	□□□-□□□□ ☎ ー ー		
お名前	フリガナ	年齢	性別
			男・女
ご職業			
e-mailアドレス			

※小社のホームページで最新刊の書籍・雑誌案内もご利用下さい。
http://www.cccmh.co.jp

愛読者カード

■本書のタイトル

■お買い求めの書店名(所在地)

■本書を何でお知りになりましたか。

①書店で実物を見て　②新聞・雑誌の書評(紙・誌名　　　　　　　　)

③新聞・雑誌の広告(紙・誌名　　　　　　　　)　④人(　　　)にすすめられて

⑤その他(　　　　　　　　　　　　　　　　　　　　　　　)

■ご購入の動機

①著者(訳者)に興味があるから　②タイトルにひかれたから

③装幀がよかったから　④作品の内容に興味をもったから

⑤その他(　　　　　　　　　　　　　　　　　　　　　　　)

■本書についてのご意見、ご感想をお聞かせ下さい。

■最近お読みになって印象に残った本があればお教え下さい。

■小社の書籍メールマガジンを希望しますか。(月2回程度)　はい・いいえ

※ このカードに記入されたご意見・ご感想を、新聞・雑誌等の広告や弊社HP上などで掲載してもよろしいですか。

はい(実名で可・匿名なら可)　・　いいえ

ブルゴーニュの赤ワインの代表格は、ピノ・ノワール種のロマネ・コンティ。ヴォーヌ・ロマネ村のこじんまりとした畑のワインですが、1本数十万から百万円台です。ちょっと手が届かないですよね。そこまではいかなくても、**ジュヴレ・シャンベルタンという村のル・シャンベルタンという特級畑の銘柄も有名です。ナポレオンも愛したと言われるこのワインもピノ・ノワール100%で造られ、酸味を主体として渋味と果実の旨味を醸し出した逸品**。この地方はコート・ドールと呼ばれる黄金の丘が南北に伸び、銘醸村が隣り合わせに並んでいます。その村の中の畑にこだわると大変貴重な銘柄になるわけです。普通にブルゴーニュという地方名称のワインならば、2000円台からあります。

ブルゴーニュの白ワインでおすすめは、シャルドネ種のシャブリ。シャブリ地区で造られている白ワインです

>> ブルゴーニュ地方のおすすめワイン

フランス

ルイ・ラトゥール シャブリ ラ・シャンフルール

新鮮な果実と白い花の香りが特徴。生き生きとして、味わいはすっきり。

白・辛口

750ml ¥3,464

シャルドネ種

フランス

クルティエ・セレクション ジュヴレ・シャンベルタン

フルーティな香りが瑞々しい印象の熟成ワイン。少し時間が経つとスパイシーな香りに変化する。

赤・ミディアムボディ

750ml ¥5,159

ピノ・ノワール種

ね。ブルゴーニュのシャルドネはシャブリ以外にももちろんあるのですが、日本人は名前も覚えやすいこの白ワインが好きです。**キリッとした酸味のある辛口なので日本人の味覚にもなじみがよかった**という背景もありますね。

シャブリ地区はワイン法の規定で白ワインしか造れず、赤を造ると地区の名前は名乗れない。つまり、シャブリという名のワインは必ずシャルドネ種を使った白ワインと決められているのです。

シャブリは畑の質によって4ランクに分けられ、特級が「グラン・クリュ」と呼ばれています。その次が「プルミエ・クリュ」、普通に何もつかず「シャブリ」ときて、一番下のランクが「プチ・シャブリ」です。

グラン・クリュになると5000～数万円まで、プルミエ・クリュは3000～一万円くらい。何もつかないシャブリだと2000円程度から見つけることもできると思います。逆にプチ・シャブリは普通のシャブリの格下になりますが、価格差があまりないため、取扱いは少なくなります。

料理は魚介系もいいですし、チキンなど白身のお肉をローストしたものや香草焼きが合うでしょう。

アルザス・ロレーヌ地方

アルザス地方は東の隣国・ドイツとの国境ライン川に沿う南北の細長い一帯、ロレーヌ地方はアルザスとシャンパーニュの間に位置する一帯です。

アルザス・ロレーヌはかつてドイツ領だったこともあり、今もドイツと共通する品種を使ったワインが主流です。瓶もドイツと同じ形を使ってはいますが、ドイツワインが甘いのに対してアルザスのワインは辛口ベース。ピノ・グリ種やピノ・ブラン種のほか、国際品種でもあるリースリング種で造った白ワインがほとんどです。

白ブドウ栽培が盛んな理由は、やはりその寒い気候。黒い皮のブドウが成熟するには日照量が不足気味。唯一できる赤ワインのピノ・ノワール種は、寒い気候での栽培に向いている品種です。

この地区の特徴として、ブドウ品種名をラベルに書く

>> アルザス・ロレーヌ地方のおすすめワイン

フランス

ローリー・ガスマン ゲヴュルツトラミネール ステグレーベン・ド・ロルシュヴィア セレクション・ド・グラン・ノーブル キュヴェ・アンヌ・マリー 1994

醸造にオーク樽とステンレスタンクを使用した、エレガントな貴腐ワイン。

白・甘口

750ml ¥12,698

ゲヴュルツトラミネール種

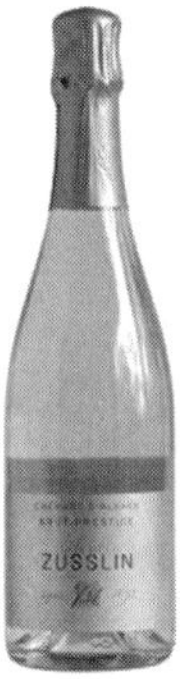

フランス

チュスラン クレマン・ダルザス・プレスティージュ

純粋な品種個性の表現と、雑味や重さを一切感じさせない直線的で輪郭のはっきりとした味わい。

スパークリング・辛口

750ml ¥3,132

リースリング種ほか

ものが多いですね。このスタイルもドイツと似ています。
もうひとつ、質の高い甘口ワインが造られているのも特徴でしょう。「セレクシオン・ド・グラン・ノーブル（貴《き》腐《ふ》菌《きん》の付いた糖度が高い果実だけを選果）」と名乗っているものは、ボルドーのソーテルヌ、ハンガリーのトカイのものと並んで世界三大貴腐ワインのひとつに数えられます。

プロヴァンス地方

プロヴァンス地方とラングドック&ルーション地方は、地中海に面した広い地域です。コルシカ島とともに地中海性気候で、1年を通じて温暖で夏は乾燥して暑く、ブドウはよく熟します。ブドウ栽培においては、乾燥しているというのが重要で、病気が出にくいんですね。ブドウは果肉に水分をたくさん含んでいるので、カビが生えやすいということもあります。
そういうわけで**ブドウが栽培しやすく、たくさん収穫**

>> プロヴァンス地方のおすすめワイン

フランス

カプリース・ド・クレモンティーヌ ロゼ

桃やイチゴのクリーンなアロマに清涼感あるシトラスのニュアンス。軽やかでふくらみある果実感と酸味。

ロゼ・辛口
750ml ¥2,543
グルナッシュ種ほか

できます。多くの品種があるため、複数のブドウ品種をブレンドしたロゼワインが多いのが、この地方の特徴です。大量生産ができたので安いワインが造られてきましたが、近年は品質も向上してきています。

特にプロヴァンスは、映画祭で知られるカンヌがある地域。海沿いでデッキに座りながら飲むのは、ロゼと相場が決まっています。ロゼワインは、黒いブドウの果皮から赤い色がわずかに溶け出したところで果皮を取り除きます。ブドウ本来の持つ自然な色が水面とデッキに映えるんでしょう。

ロゼワインは、冷やして飲むのがおすすめです。酸味が締まり、キリっとした辛口になります。地中海の魚介料理と非常に相性がいいはずです。

ローヌ地方

ローヌ地方は、アルプス山脈西端のすそ野を流れるローヌ川が、地中海に向かって流れる一帯の産地。北半分は内陸の渓谷のような狭い地域で、南半分は三角州に広がる広い地域となります。それぞれが個性豊かなワインを造っていて、価格も幅広くあります。

特に北部はシラー種の生産地として知られていて、コート・ロティ（焼けた丘）という

有名な赤ワインがあります。シラー種主体に、白ブドウのヴィオニエ種を20％まで加えられるという珍しいワインですが、素晴らしい味わいです。

渓谷から平地へと裾野が海に広がる南部は、日照量が豊かで、栽培されている品種もワインの種類も豊富。その特徴を存分に生かして造られているのが、**シャトーヌフ・デュ・パプ（法王の新しい館の意）です。ワイン法により白ブドウ、黒ブドウ合わせて13品種までブドウの使用が許されているこれも珍しい銘柄です。**白も赤も両方造られており、価格は5000円前後からヴィンテージのもので数万円まであります。

種類もさることながら、量もたくさん収穫できるため、白ワインから赤ワイン、スパークリングもあれば甘い銘柄まであります。

シャトーヌフ・デュ・パプより少しお手頃なものとしておすすめしたいのが、コート・デュ・ローヌという銘柄。この広い南部一帯のブドウで造られたワインです。シャプティエ、E・ギガルという生産者の銘柄が特におすすめです。

>> ローヌ地方のおすすめワイン

フランス

M シャプティエ コート デュ ローヌ ルージュ ベルルーシュ

ワイン名は「美しいミツバチの巣箱」を意味し、まろやかでコクがあり、果実味豊かで渋味が穏やか。

赤・ミディアムボディ

750ml ¥1,571

シラー種ほか

陽気なスペインワインを楽しむ

スペインは、ブドウの栽培面積で世界1位。ワイン生産量においては世界3位の国です（1位はイタリア、2位はフランス）。

北はフランスとの国境にあるピレネー山脈から、南はジブラルタル海峡に面するシェリー酒の産地まで。日当たりがよく乾燥していて、熟れたブドウが大量に収穫されています。

代表的な地域がカタルーニャ州。**カヴァというシャンパーニュ製法の発泡性ワインを造る有名な生産地域です。高級ワインも生産されています。**

対照的にカスティーリャ・ラ・マンチャ州はリーズナブルなワインの産地。日本で700円くらいで買えるものは、ここの産地というものが多いですね。

カタルーニャ州
カスティーリャ・
ラ・マンチャ州
SPAIN
Churros

カタルーニャ州

地中海に面し、一番フランスに近い産地が、ここカタルーニャ。州都はオリンピックも行われたバルセロナです。

この州を中心として造られるカヴァは、スペイン産ブドウを使っているため価格が手頃で、国外での人気も高く輸出も盛んです。

ロジャー・グラート社のカヴァは、芸能人がテレビの格付け番組でドンペリと間違えたことで日本でも爆発的に売れました。これによりカヴァの名前がよく知られるようになりました。スペインの地ブドウを使っているのでベースの味はシャンパンと違うのですが、泡立ちの豊かさと2000円前後の手頃な価格で人気があります。スパークリングボトルのラベルに書かれたCAVAの文字を探してみてください。

カスティーリャ・ラ・マンチャ州

『ドン・キホーテ』の舞台としても知られる、ラ・マンチャ。この地は、大陸性の気候で寒暖差が日本以上に大きく、降水量は少なめ。しかも大平原ですから、ブドウ栽培にとても適していて、効率よく収穫できる土地だと言えます。

ブドウは、涼しくなると酸がのり、暖かくなると糖分がのってきます。その寒暖差によって酸と甘味が両方含まれ、ワインの味がふくよかで複雑味が増します。

降水量が少ないということは、乾燥していて病気が少ないということ。加えて、ブドウはあまり水分を与えずに栽培したほうが美味しくなるんですね。根をしっかり張って、大地のミネラルやエキスを吸い上げます。

最近はお手頃ワインも日本に多く輸入されています。おすすめの1本は、スペインの地ブドウ・テンプラニーリョ種で造られたもの。価格帯はお安いもので1000円以下から購入可能です。41ページでも紹介しましたが、**テンプラニーリョはスペインを代表する品種。風味がしっかりしていて、黒コショウのようなスパイシーさが特徴です。**

>> スペインのおすすめワイン

スペイン

ヴィニャンサル レッド

軽めのボディで、赤い果実を感じさせる香り。酸味や渋味は非常にやわらかい口当たりで、気軽に楽しめる。

赤・ミディアムボディ

750ml ¥870

テンプラニーリョ種

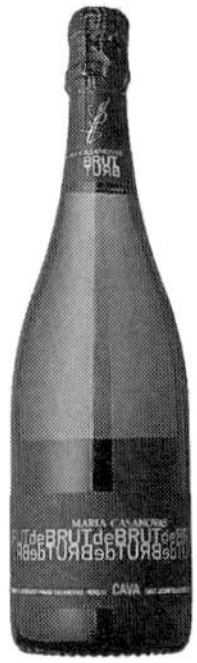

スペイン

マリア・カサノヴァ ブリュット・デ・ブリュット

カタルーニャ産。美しいフォルムと滑らかな味わい。ノンドサージュ（無加糖）の辛口タイプ。

スパークリング・辛口

750ml ¥2,052

パレリャーダ種ほか

新世界ワインで各国の個性を知る

Amazonでは現在56カ国のワインが購入できます。中国や中東の国などの国名をみると意外に感じるかもしれませんが、今やワインは世界中、広く生産されているのです。

そして**近年は、ヨーロッパに比べてワイン造りの歴史が比較的新しい生産国が「ニューワールド」と呼ばれ注目を集めています。具体的にはチリ、アルゼンチン、アメリカ、カナダ、南アフリカ、オーストラリア、ニュージーランドなどの国々です。**また、ニューワールドと対照の意味でフランスやイタリア、スペインなどの国々はオールドワールドと呼びます。

ニューワールドのワインの特徴は、それぞれの国でしっかりと果実味や香りのある個性的な味わいを追求しながら、比較的リーズナブルな価格であること。

日照時間が長い国が多く、ジューシーなブドウが育ち、飲みやすいワインができるので、「コストを抑えて美味しいワインを選びたい」という初心者の方にもおすすめなワインがたくさん造られているんですよ。

チリ

太平洋に面したチリは海流の影響で意外と涼しく、また乾燥しているので、ブドウの栽培にもともと適した土地です。さらにアンデス山脈が、ブドウの生育期に灌漑《かんがい》の役割を果たしてくれるという幸運も併せ持っています。ヨーロッパの理想的な気候をチリで見ることができると言ってもいいでしょう。なおかつヨーロッパ系の品種が栽培されているので、それぞれの品種の個性をしっかりと味わうことができるのが特徴です。ちなみにブドウは、1500年代にスペインのカトリック伝道師がミサ用のワインを造るためにパイスという品種を植えたことから始まったと言われています。

価格の面でも、EPAで日本の関税はゼロ。だから安いんですね。安くてちゃんとした品種の個性を楽しめるという意味合いでは、とても重要な国だと思います。

また、チリはワイン市場を恐怖に陥れた「ブドウネアブラムシ」の被害にあっていない国でもあります。ブドウネアブラムシは、1830年代にヨーロッパのほとんどのブドウ畑を壊滅させた害虫で、耐性を持つアメリカ産の苗木を輸入し植え替えたという過去があります。

一方、チリではカベルネもシャルドネも、ブドウネアブラムシの被害に遭う前の苗木が脈々と息づいています。フランスの固有の遺伝子はチリに残っているのです。

ピノ・ノワールももちろん栽培されていますし、メルロもシラーも、リースリングもアルザス地方で有名なゲヴュルツトラミネールもあります。**いろいろなブドウを試すのなら、むしろリーズナブルなチリ産がよいでしょう。**

そんないいことづくめのチリワインですが、評価され始めたのはここ20年くらいのこと。やはり、後発の新参者、安かろう悪かろうという偏見も少なからずあったと思います。ワイン評論の書籍でも高いポイントを出す銘柄がいくつもあったのですが、あまり知られていなかったということですね。たとえば、チリワインでも8000円以上のクラスもあります。もちろん内容は実によいものです。だけど、「チリで8000円出すんだったら、ボルドーワインを買えちゃうね。シャトーなんとかの8000円を飲んだほうがいいんじゃない?」って、なりがちです。けれども私は、自分が美味しいと思うほうを飲めばいい

>> チリのおすすめワイン

チリ

ボルカネス テクトニア カベルネ ソーヴィニヨン

完熟し凝縮した果実だけを厳選し、深い色調と鮮烈なブラックベリーのアロマ、濃厚な口当たり。

赤・フルボディ

750ml ¥2,229

カベルネ・ソーヴィニヨン種

と思います。

一点だけ言うなら、チリにないのはやはりテロワールでしょうか。ボルドーの赤の風味とは違っています。飲み比べてみるとはっきりわかります。

アルゼンチン

アルゼンチンもまた、アンデス山脈で湿気が遮られるうえ、日照量が多いワインの理想郷です。よく熟してから収穫されたブドウを使い、フレーバー強めのフルボディタイプの赤ワインや、香り豊かでアロマティックな白ワインなどが造られています。代表するブドウは、赤ワインがマルベック種、白ワインはトロンテス種になります。

マルベックは、もともとフランス南西地方のカオールという地区の地ブドウ。コットとも呼ばれています。果皮の色がとても濃い品種で、渋味がしっかりあって、メルロやシラーを思わせるふくよかな香りもあります。黒いベリーフルーツやプラム、ラズベリー感もありますが、強いカラーとしっかりした味わいから「ブラックワイン」とも呼ばれています。

炭焼きの牛肉にぴったり。アルゼンチンと言えば牛肉というくらいですから、広く愛されている理由がわかります。
トロンテスは非常に華やかな香りを持つ、もともとスペインを原産とする品種です。ほどよいマスカットのようなフルーティで甘い香りが特徴。パッションフルーツのような濃度を感じさせるコクのある味わいで、やや辛口に仕上げられています。口当たりのよい1本だと言えるでしょう。

アメリカ

アメリカ合衆国ではほとんどの州でワインが造られていて、探すとあちこちにワイナリーがあります。けれども、州外に流通していないものがほとんどです。生産量の9割近くはカリフォルニア産、あと日本に入ってくるものはワシントン、オレゴン産くらいとなります。東海岸のワインも注目されてはいますが、冬の冷え込みが厳

>> アルゼンチンのおすすめワイン

アルゼンチン

ミッシェル・トリノ クマ オーガニック トロンテス

バラ、オレンジピール、フレッシュな桃や花を思わせる豊かな香り。ほのかな甘味を感じるタイプ。

白・中辛口
750ml ¥1,122
トロンテス種

アルゼンチン

ラ マスコタ マルベック

マルベック種 100％で造られた、黒い果実の風味とスパイシーなニュアンスが楽しめる重厚な１本。

赤・フルボディ
750ml ¥1,361
マルベック種

しくて生産量は控えめ。ブドウはアメリカ産の交配種やドイツ系品種が主流です。

どうしてカリフォルニアの生産量が圧倒的かというと、まずは気候が、東海岸よりも西海岸のほうがブドウ栽培に向いているということが挙げられます。西海岸一帯は、19世紀前半にフランス・ボルドー地方出身の人々がヨーロッパ品種を持ち込んだことや、ゴールドラッシュによる人口の増加でワイン需要が拡大したことも大きな要因です。

けれども1920年代の禁酒法時代に入ると、ブドウの木の管理がまったくできなくなってしまい、そこでまたイチからブドウを育て上げたという歴史があります。

それがだいぶよくなってきたのが1970年代頃。カリフォルニア産のブドウが「なかなかいいよ、意外と売れるんじゃないの？」とスティーブン・スパリュアという人が言って、自分が主催してブラインドテイスティングを大々的に行ったんですね。これが、77ページでも触れた1976年の「パリスの審判」です。結果はご存知の通り、ボルドーやブルゴーニュを抜いてカリフォルニアのワインがトップ評価を受けました。ボルドーと同じ品種を西海岸で作っていて、すごくいいものができるというのを世界が認識した瞬間です。とはいえ、そういったワインは数万円といたって高価です。

もっとポピュラーでカジュアルに飲めるワインだと、おすすめは「カリフォルニアワイ

ンの父」と呼ばれたロバート・モンダヴィの孫が造るスペルバウンドという銘柄。使われているブドウはカベルネ・ソーヴィニヨンで、価格は2000円台ですね。ほのかに甘味を残す余韻が、日当たりがよくてよく熟すカリフォルニアのブドウらしさを表しています。試してみて損はないと思います。

ちなみに、ロバート・モンダヴィは、アメリカ初のウルトラプレミアムワインであるオーパス・ワンを造ったメーカーです。フランス、ボルドーの四大シャトーのひとつ、ムートン・ロートシルトと提携して、何億円もかけてオーパス・ワンのワイナリーを造ったんです。その孫が今度は手頃なスペルバウンドで評価されていることに、カリフォルニアのワインの隆盛と家族の歴史を感じますね。

カナダ

カナダでは、東海岸のオンタリオ州を中心とする五大湖周辺と、西海岸のブリティッシュコロンビア州に産地

>> アメリカのおすすめワイン

アメリカ

**スペルバウンド
カリフォルニア カベルネ・
ソーヴィニヨン**

スペルバウンドとは「魔法にかかった」という意味。その名の通り造り手が飲み手を虜にするワイン。

赤・フルボディ

750ml ¥2,953

カベルネ・ソーヴィニヨン種ほか

が集まっています。内陸だと寒すぎてブドウが育ちません。

五大湖周辺は、湖に接していることで大陸性気候の夏の暑さや冬の寒波が和らげられています。逆に冬の寒さを生かして収穫を遅らせて樹上で凍結させたブドウから造るアイスワインがもっともよく知られています。**アイスワインは果実の周りの氷を省いて果肉に残る甘みを生かして造られるワイン。遅摘みなのでとても甘いという特徴があります。**お値段はちょっと張るので、ご紹介しているのは容量375㎖のもの。少ないように感じられるかもしれませんが、少し口に含むだけでも、甘味と旨味が口いっぱいに広がりますよ。

使われているブドウは、寒さに合わせた交配品種。カナダで作られたオリジナルのヴィダル種です。少し酸味があって、それがまた奥行きを感じさせてくれます。あまりお目にかかれないと思いますから、見かけた機会にはぜひ試してみてください。

>> カナダのおすすめワイン

カナダ

キングスコート
ヴィダルアイスワイン

極寒のカナダで自然凍結したブドウのみを用いて造られる濃厚なデザートワイン。

白・甘口

375ml ¥4998

ヴィダル種

南アフリカ共和国

2010年のサッカーW杯の記憶もまだ新しい南アフリカは、もともとヨーロッパの植民地だったこともあって360年以上前からワインを造っていたという歴史があります。

首都のひとつであるケープタウンから内陸に広がる一帯にワイン生産地が広がっています。地中海性の気候ですが、南極からの海流の影響で涼しい土地です。「ケープドクター」という乾燥した風により薬剤も最小限に抑えられるのが特徴で、ちょうど緯度を同じくするチリ同様、理想的な環境でリーズナブルなワインを造り続けています。果実味がしっかり乗った黒ブドウが安定して生産されているため、コクのある味わいの赤ワインらしい飲み口のものを買うなら、南アフリカ産はお買い得です。

また、サスティナブル農法を推し進めているのも大きな特徴でしょう。農薬のこともそうですし、植物の多様性を保護するとか排水に気を付けることで、なるべく周りの自然に同化してワイン造りを行う自然循環型に特化しているワイナリーが集まっている地域があるんですね。ちゃんと設備投資をしているそういうワイナリーは、世界市場を目指しているのでボトルのセンスも注目です。

赤ワイン用ブドウ生産量のトップはカベルネ・ソーヴィニヨン。シラーなどヨーロッパ系国際品種の栽培も盛んです。またピノ・ノワールとサンソーの交配品種であるピノタージュも有名。ピノタージュ自体は南アフリカで作られた品種ですが、そんな中で、国際品種を使ったブレンドワインの質が高く、人気を後押ししています。

ピノタージュは、酸味もありますが果実味のほうがやや強めの品種。タンニン分もしっかりあって、赤いベリーフルーツのような華やかさを感じる香りが特徴です。

合わせたい料理は、意外なところで回鍋肉《ホイコーロー》。煮込まれてしっかりした味つけの豚肉やタレ・ソースの味がしっかりしたものがいいでしょう。一般的な家庭料理にも合わせて楽しんでみてください。

>> 南アフリカ共和国のおすすめワイン

南アフリカ

ピーター・ファルケ
ルビー・ブレンド

赤いベリーやプルーンを思わせる香りと、クローブやシナモンのニュアンスを持つココアのような雰囲気。

赤・ミディアムフルボディ

750ml ¥2,692

カベルネ・ソーヴィニヨン種ほか

オーストラリア

オーストラリアでは、イギリス人の移住を機にワインの生産が始められました。19世紀前半、ヨーロッパのあちこちからブドウ株を選び持ち込んで栽培を開始したんですね。現在、オーストラリアはワインの生産量が世界5位。南アフリカやチリ同様、緯度的にはシドニーから南あたりが一番ブドウの栽培に向いた気候なので、生産量は比較的安定しています。土地が広い、というのも強みです。その中でも、シラー（オーストラリアではシラーズ）種で造られた赤ワインの質の高さが有名です。

ご紹介する1本は、アルクーミが造っているホワイトラベルのシリーズ。アルクーミは、西オーストラリア州のグレートサザンというエリアにあるワイナリーで、アボリジニの言葉で「私たちが選んだ土地」という意味です。

西オーストラリア州というのはワインを造り始めるのが遅くて、１９７０年代になってからようやく移住された方たちが、家族経営でワイナリーを始められました。それまでは、ワインの産地として手つかずだったんです。そこから心血を注ぎ、高い質を持つワインが次々と生まれてきました。１０００円台半ばくらいの価格のものもよいですよ。

このシラーズ種を使ったワインは、ブラックベリーや黒コショウの香りがスッと抜けるニュアンスが特徴です。滑らかさを感じるコクと樽熟成をさせた風味が味わえます。オージービーフと合わせたい1本です。

　オーストラリアのスパークリングワインもいろいろです。**ジェイコブス・クリークというワイナリーがあります。ここ数年、日本の夏向けの限定商品でオリジナルボトルを造っています。**これまで「うちわ」や「江戸風鈴」など日本文化をモチーフとしたものがあり、2019年は「江戸切子」でした。もちろん、通年で購入できるシャンパーニュ地方と同じブドウ品種を使ったものもあります。白も赤もお手頃感がありワインの質もよいです。見かけたら、一度飲んでみてください。

>> オーストラリアのおすすめワイン

オーストラリア

ジェイコブス・クリーク シャルドネ ピノ・ノワール

シャンパーニュと同じブドウ品種を使ったフレッシュ感のある辛口スパークリングワイン。

スパークリング・辛口

750ml ¥1,309

シャルドネ種ほか

オーストラリア

アルクーミ シラーズ/ヴィオニエ

熟したチェリーやブラックベリーにヴィオニエ種の持つフローラルなヒントが加わった風味。

赤・フルボディ

750ml ¥2,730

シラー種ほか

ニュージーランド

ニュージーランドもまた、オーストラリアへ渡ってきたヨーロッパの人々によってワイン産業を開拓された歴史を持っています。現在は、20世紀でもっとも急速にワイン産業が発展した国として、中国に次ぐと言われているほどです。

1日の中に四季があるといわれるほどの気温差がありますが、品種ごとに適した土壌を見分けて栽培されています。

ニュージーランドは北島と南島がありますが、南島は風が強くて涼しいため、酸味が生かせる品種が得意です。ソーヴィニヨン・ブランの最大の産地を有し、品種の特性を余すところなく醸し出します。**特にマールボロ地区のソーヴィニヨン・ブランはおすすめ。ローズマリーやセージ、ハーブでもミントの爽やかさをイメージするような香りが立ってきます。味わいもほどよい飲みごたえがあり、清々しい。価格はほぼ2000円前後ですね。**

>> ニュージーランドのおすすめワイン

ニュージーランド

マトゥア ソーヴィニヨン・ブラン マルボロ

フレッシュなハーブのニュアンスとクリスプでシトラスフルーツの味わい、酸とのバランスが楽しめる。

白・辛口

750ml ¥2,434

ソーヴィニヨン・ブラン種

THEME 3

ワインで味わう春夏秋冬

気候や風情に合わせるとワインはもっと美味しい

「ワインの季節」はいつだと思いますか？　ボジョレー・ヌーヴォーが解禁となる11月や、クリスマスシーズンでしょうか？　たしかに、国内での〝ワイン消費期〟という意味では、その頃が一番盛り上がる季節。普段はあまりワインを飲まないという人でもそのときだけは飲むこともある、という方も多いかもしれません。

しかし、それはとってももったいない！　と私は思います。日本のような四季がはっきりとある国で暮らしていますし、季節に合わせた飲み方を知っておけば、ワインはもっと幅広く、もっと美味しく味わえるのです。そのまま飲むだけではなく、キンキンに冷やしてソーダで割ってもＯＫ。季節ごとのイベントに合わせたり、四季のお料理とのマリアージュを見つけたりすれば、ワインは何倍も楽しくなりますよ。

春ワインの楽しみ方

春に飲むワインは、キンキンに冷やした強い泡立ちのものというよりは、やや柔らかな口当たりのシュワっとした爽やかなものなどいかがでしょうか。家庭料理と合わせて気軽に飲めるもので、春の旬菜の苦味や香りを引き立ててくれそうな4種をご紹介します。

まずはイタリアの**ランブルスコというブランドの微発泡性ワイン**。ランブルスコは白も赤もロゼもあるのですが、春の食材に合わせるのはやっぱりロゼ。辛口タイプを選んでください。やわらかな泡立ちがあって口当たりよく、普段の食事と合わせやすいです。数時間前から冷蔵庫で冷やしておいて、すぐ出して飲めるカジュアルさもいいですね。

冷やした白ワインをソーダで割ったスプリッツァーという飲み方も春にぴったりです。ドイツ語で「弾ける」という意味の Spielen が語源です。ソーダはノンフレーバーであれば、特に銘柄にこだわる必要はありません。

おすすめのポイントは、春野菜の苦味をやわらげるスッキリ感。そののど越しもさることながら、ソーダで割ることによって、ビールに近いアルコール度数に下げられるのもいいですね。10％のものをソーダで半分割れば5％になるので、お酒に弱い方でもワイン風味を楽しめます。

それと、ドイツのルーヴァーゾンマーラウというワインのようにフリュートと呼ばれる細長い形のボトルを探してみてください。酸味がはっきりとした味わいのワインは、このボトルを使っていることが多いです。

3つ目はシードル。リンゴと梨で造った発泡性のアルコール飲料です。「リンゴで造ったスパークリングワイン」と表現されることもあります。リンゴそのものの香りが漂い親しみやすく、アルコール度数は2〜8％程度。ワインと比べて低めなのが特徴です。お花見に持って行くのもいいですね。缶チューハイもいいけれど、せっかく屋外で桜を眺めるんだったら飲みものも果汁

>> 春のおすすめワイン

ドイツ

ルーヴァー ゾンマーラウ リースリング ドライ

Q.b.A.

熟したリンゴやアプリコットを思わるアロマを持ち、フレッシュでスパイシーな果実味がある。

白・辛口

750ml ¥1,354

リースリング種

イタリア

ノヴェチェント23 ランブルスコ・ディ・ソルバーラ

ストロベリーのようなフレッシュな果実味の、低アルコールで飲みやすい色鮮やかな微発泡性ワイン。

ロゼ・スパークリング・辛口

750ml

2019年秋発売予定

ソルバーラ種

１００％で造られたもので、春の空気を満喫してみてはどうでしょう。

春のお料理ですが、シードルの産地がフランス・ノルマンディーなので、地元の料理でもあるそば粉を使ったクレープやガレットはいかがですか。意外と素朴な味わいのものが合うと思います。ノルマンディーの果樹園に行くと、リンゴも梨も混植で、たくさん収穫できたものを使って醗酵させるというシンプルなスタイル。そんな情景に思いを馳せながら、ぜひゆっくりと味わってみてください。

最後におすすめしたい**もう一杯は、カクテルのミモザです。レシピはオレンジジュースをスパークリングワインで割るだけ**。春っぽい明るいオレンジ色のビタミンカラーです。お酒らしい味わいが好きな方はオレンジジュースを少なめに調整してみてください。

>> 春のおすすめワイン

イタリア

ファンティネル プロセッコ

単一畑の特別なブドウだけを使用し、120日間という長いタンク内発酵を経たワンランク上の1本。

スパークリング・辛口

750ml ¥1,894

グレーラ種

フランス

シードル ヴァル・ド・ランス クリュ・ブルトン オーガニック

30種類以上のリンゴを選別し、約4週間低温醗酵でゆっくり寝かせた、香り豊かで深いコクのある逸品。

スパークリング・中辛口

750ml ¥1,469

リンゴ100%

夏ワインの楽しみ方

暑い夏は、氷を入れたくなるほど冷たい一口が美味しいもの。のど越しも大事にしたいですね。アウトドアでの機会も多くなりますし、冷やして飲める赤ワインなどもおすすめしたいと思います。

まずは、シェリーのソーダ割りから。**シェリーは、白ワインの醸造過程でアルコールを添加してアルコール度数を高めたワインです**。スペインの最南端アンダルシア州カディス県で造られています。15～22%くらいアルコール度数があるので、お好みでソーダで割ってください。酸化熟成させた「醸し」の風味が味わえます。合わせたい料理は、やっぱりピンチョス。アンチョビをクラッカーに乗せただけでもいいですし、オリーブの実をハードタイプのチーズと一緒に食べるのも美味しいです

>> 夏のおすすめワイン

フランス

アンリ・フェッシ ボージョレ・ヴィラージュ

繊細でまろやかな果実味、溶け込んだ丸いタンニン、心地よいコクとフルーティな余韻が楽しめる。

赤・ミディアムボディ

750ml ¥1,812

ガメイ種

スペイン

ロマテ NPU アモンティリャード シェリー酒

ドライで香味とともにクリーンな味わいが広がる。アルコール度数は 17 ～ 18 度と高いのが特徴。

シェリー・辛口

750ml ¥3,250

パロミノ・フィノ種

よ。そういった、いわゆるおつまみ、塩気のあるものが次の一杯を誘います。

赤ワインのジンジャーエール割りも、夏っぽい飲み方です。 意外かもしれませんが、ジンジャーエールで割っても味が喧嘩しないんですね。フルーティさが残る品種がよいので、ここではボジョレーをおすすめします。**アンリ・フェッシは、1888年にこの地のブルイィ村に創業した老舗ワイナリー。イチゴっぽいフルーティな香りが特徴のガメイ種を使った、華やかな赤ワインです。** 渋味が少なめなので、冷やしてもフルーティさが味わえます。こちらもタコスやチリコンカンなどスパイシーな料理に合います。汗をかきながら、赤ワイン割りで流し込んでいただきたいですね。

もうひとつのカクテルが、**赤ワインをコーラで割ったカリモーチョ。** リーズナブルな価格帯のワインを同量のコーラで割って作りましょう。使用するワインは、フルーティさがあるタイプが相性◎です。

>> 夏のおすすめワイン

南アフリカ

レッド・スナッパー
"サンソー"

チェリーやイチゴのようなフルーツを感じる香りとフローラルな要素、新鮮なタンニンが効いている。

赤・ミディアムボディ

750ml
2019年秋発売予定
サンソー種

秋ワインの楽しみ方

気温が16～20℃になって「ちょっと涼しくなってきたな」という頃になったら、〝食欲の秋〟到来。ワインの味と香りも、ゆっくりと楽しんでいただきたいと思います。

ちょうど果実の収穫期にあたりますから、お店に並ぶ季節の果実を選んで造るサングリアが一番のおすすめ。お好みでジュースを加えて、甘味やアルコール度のアレンジも簡単です。ランチやブランチの食前酒として、オープンエアーな場所で楽しんでいただくのもいいですね。

サングリアでおすすめを１本選ぶならば、Ａｍａｚｏｎでも人気の銘柄のラ・サングリア ボデガス・アルスピーデ。フルーティさと甘味のバランスがちょうどよく感じられます。

>> 秋のおすすめワイン

スペイン

ロライロ サングリア オーガニック

バレンシア産オレンジ、地中海産レモン、そして厳選したハーブとスパイスを使った上品なサングリア。

赤・ミディアムライト

750ml ¥1,620

ワイン、レモン果汁、オレンジ果汁

スペイン

ラ・サングリア ボデガス・アルスピーデ

弾けるように爽やかなオレンジとレモン、エキゾチックに香り立つシナモンの風味が溶け込んだ甘口。

赤・ライトボディ

750ml ¥1,037

ワイン、オレンジ果汁、レモン果汁

ベースのワインに有機栽培のブドウを使っているのも、人気の秘訣でしょう。漬け込んでいるフルーツやシナモンもすべてオーガニック。冷蔵庫から出してきて、食前酒として少しずつ飲むのもいいですね。

酸味の強い白ワインが手元にあったら、カシスのリキュールで割って飲むのも美味しいですね。ワインの産地としても知られるブルゴーニュ地方のディジョン市のキール市長が考案したと言われている**キールというカクテルです。割合は白ワイン4：カシス1。甘すぎるようなら、白ワインを足してください。**

少し度数が高いかもしれませんが、カシス風味のフルーツ感をゆっくりと味わえます。秋の夜長にぴったりの一杯です。

>> 秋のおすすめワイン

スペイン

ヴィニャンサル ホワイト

リンゴや洋梨を想わせる香りがある、爽やかでフルーティな味わい。豊かなコクとバランスのいい酸味。

白・辛口

750ml ¥870

ベルデホ種

冬ワインの楽しみ方

冬は体を温められる温度が高めのもの、あるいは冷やさずに飲めるものが「この季節ならでは」だと思います。深い味わいのものを、ゆっくり時間をかけて楽しんでいただきたいと思います。

おすすめはドクターディムースという、バリエーション豊かなワインを造っているドイツの醸造メーカーのもの。今回ご紹介するのはハニー・レモン・ジンジャーのホットワイン。ほかにはブルーベリーで造ったものなどもあります。

体によさそうなハニー・レモン・ジンジャーは、ホットワインとしては珍しい白ワインベース。レンジで温めて召し上がってください。甘口が好きな方は、さらにハチミツを足していただいてもOKです。

>> 冬のおすすめワイン

ドイツ

シュテルンターラー・グリューワイン

赤ワインをベースに砂糖、オレンジ、レモン等のフルーツやシナモン、ハーブを加えたホットワイン。

赤・ミディアムボディ

1000ml ¥1,978

赤ワイン、レモン、オレンジ、香辛料ほか

ドイツ

ドクターディムース/カトレンブルガー ハニー・レモン・ジンジャー

ジンジャーが効いた、身体を温めてくれるホットワイン。シナモンやレモンを入れると香りが一層華やかに。

白・甘口

750ml ¥1,697

白ワイン、ハチミツ、レモンほか

シュテルンターラーは「グリューワイン」と名乗っている温めて飲むための赤ワインです。ドイツらしいワインで、これもレンジで温めるだけ。ハチミツやレモンでアレンジしてもいいですね。甘味が入ると、飲んだときにホッとする方も多いと思います。安心する味わいなので、ナイトキャップとしてもおすすめです。

甘口ワインを意味する「デザートワイン」も、クリスマスやパーティなど冬のイベントにいかがでしょうか。デザートワインの中でも、自然凍結したブドウだけを使って造られるアイスワイン、貴腐菌がついた完熟ブドウだけを使って造られる貴腐ワインなど、高価ですが品質は折り紙つき。デザートという呼び名の通り食後のデザート代わりに飲まれます。その際は、極甘口なので、冷やして飲むのがおすすめです。特別な時間を演出するにも間違いない1本だと言えるでしょう。

>> 冬のおすすめワイン

オーストラリア

デ ボルトリ ノーブル ワン

オーストラリアの貴腐ワインの代表格。ハチミツやバニラのニュアンスが混ざる魅力的なアロマが印象的。

白・甘口

375ml ¥3,051

セミヨン種

日本

朝日町ワイン アイス エッセンス 氷の妖精

完熟したブドウを凍らせて、浸み出たエッセンスだけを醸造。トロピカルフルーツの香りが広がるアイスワイン。

白・極甘口

720ml ¥2,170

セーベル9110種ほか

THEME 4

料理で選ぶ、この1本

そもそも「マリアージュ」って、なんですか？

ワインと日本酒とビールの3つは同じ醸造酒というカテゴリーに入るお酒です。その中でも食事中に飲み続けられるのはワインだと思います。

ビールは炭酸が入ってるので、食事中もどんどん泡でおなかが膨れていく感じがあります。日本酒はワインよりも早く吸収されるように感じ、酔いの回るのが早い気がします。お米を使っているため糖質が高く、飲んだときのボリュームが感じられます。

それに比べて、**ブドウの果汁で造ったワインは、果実に由来するものと醸造に由来するものの両方の酸を持ち、食事を引き立たせる役割もあると言われます。**食中酒というわけです。そうなってくると、相乗効果でもっと美味しくなる組み合わせが見えてきそうです。

食事とワインのベストな組み合わせ、それがマリアージュ（本来は結婚の意味）なんです

ね。「肉料理には赤ワイン、魚料理には白ワインが合う」というのは、ワイン好きならずともすでに常識ですが、さらにもう一歩踏み込んで、「マリアージュ」と呼べるベストな組み合わせをご紹介します。

赤身肉とのマリアージュを楽しむ

肉には牛などの赤身と鳥・豚の白身があります。まずは赤身肉を使った料理とのマリアージュから見ていきましょう。

赤身の肉を使い、肉そのものの旨味を生かす料理の代表格はステーキ、そしてハンバーグでしょう。合わせるワインは、肉の旨味に沿うようなコクや深みがあり、肉本来の風味を引き立てるもの。ブドウ品種の個性が強く出ているワインがいいですね。ここで紹介する2本は、**チリのカルメネール種と南アフリカのシラー種**。ぜひ、

>> 赤身肉に合うおすすめワイン

南アフリカ

コエレンボッシュ シラーズ

ミントやチェリーの要素を含んだ個性豊かな香り。渋味も含むもののスムーズなタッチで、余韻が残る。

赤・ミディアムフルボディ

750ml ¥1,722

シラー種

チリ

ボルカネス レゼルバ カルメネール

やわらかいタンニン、白コショウのようなスパイス風味や、熟した果実風味を感じさせる味わい。

赤・ミディアムフルボディ

750ml ¥1,305

カルメネール種

ご家庭で試していただきたいと思います。
ハンバーグやミートローフのようなひき肉の旨味と香辛料の風味をほどよく引き立てるものとして、**イタリアの地ブドウであるバルベーラ種**で造られたものもご提案いたします。フルーティさやタンニンの渋味、控えめな酸味がバランスよく顔をのぞかせる1本です。

ビーフシチューやすき焼き、焼肉など、赤身肉と絡ませるソースの味わいがしっかりとした料理には、ソースの味の濃さに合うコクのあるタイプ、旨味のボリュームがあるものを合わせるとよいでしょう。**ご紹介するイタリアのプリミティーヴォ種**は、赤い果実やジャムのような香り、まろやかでボディがありソース（たれ）の味とフィットします。

>> 赤身肉に合うおすすめワイン

イタリア

サレント・トルマレスカ・プリミティーヴォ

イタリアワイン界で最も古い歴史を誇る名門ワイナリーで造られたワイン。甘いスパイスのニュアンス。

赤・フルボディ

750ml ¥1,663

プリミティーヴォ種

イタリア

カルリン・デ・パオロ ピエモンテ・バルベーラ

チェリーやプラム、ブラックベリーのような新鮮でフルーティな香りに満ちた赤ワイン。

赤・ミディアムボディ

750ml ¥1,461

バルベーラ種

唐揚げや豚しょうが焼きにもワインを

豚や鶏肉にしっかり味をつけた料理、唐揚げやしょうが焼き、とんかつ、照り焼きチキン、焼き鳥などには、肉のジューシーさと濃い味つけを邪魔せず引き立てる1本を。かつリーズナブルなものということで、**南アフリカのメルロ種**を選びました。渋味が穏やかでなめらかさや旨味が感じられるタイプです。

もう1本、白ワインならコクや旨味が感じられる、飲みごたえのある辛口タイプとして**オーストラリアのシャルドネ**もおすすめです。こちらは塩唐揚げや、焼き鳥のねぎま、正肉の塩味の味つけメニューがよく合います。

魚料理はやっぱり白ワイン?

魚料理も肉料理同様、調理法によって合わせたい1本

>> 白身肉に合うおすすめワイン

オーストラリア

アンゴーヴ マクラーレン・ヴェイル シャルドネ ゲスト・ハウス

ブドウを潰したジュースを1週間醱酵。少量の澱と攪拌しより複雑で豊かな香りを引き出したワイン。

白・辛口

750ml ¥3,480

シャルドネ種

南アフリカ

コエレンボッシュ メルロー

ドライプルーンを思わせるボリューミーな香りの中に、かすかにミントのような鼻に通る香りを含む。

赤・ミディアムフルボディ

750ml ¥1,524

メルロ種

は変わってきます。まずは魚介の風味を生かすシンプルな塩味の料理――アクアパッツァ、イクラ、キャビア、あさりの酒蒸し、カルパッチョなどに合うワインをご紹介します。

　このヴーヴレはフランス・ロワール地方のスパークリングワイン。切れのよい酸味がある、すっきりとした辛口タイプです。ワインを魚介に合わせる難しさは、人によっては生臭さや磯臭さが気になってしまうということ。そういった生臭さを目立たせにくいワインが、ヴーヴレだと言えるでしょう。

　また、**南イタリアのカンパーニャ州やプーリア州で栽培されているフィアーノ種の白ワイン、甲州種の日本ワイン**（P46参照）も、合わせていただきたい1本です。

　さば味噌、かれいの煮つけ、さわらの西京漬け焼など、調味料の味わいをしっかりとしみこませた料理には、味

>> 魚介に合うおすすめワイン

イタリア

テッレ・ディ・ファイアーノ・ビアンコ

IGP・プーリア・オーガニック

レモン、ライム、ピーチ、アーモンドやハチミツの香り。生き生きとした酸味とフルーティさが軽やか。

白・辛口

750ml
2019年秋発売予定
フィアーノ種ほか

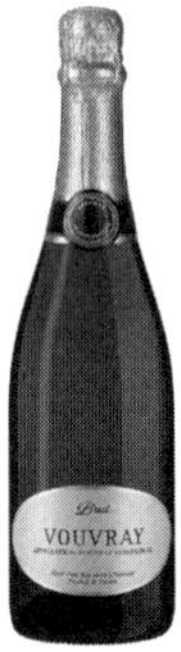

フランス

ヴーヴレ ブリュット ブラン

アーモンドやヘーゼルナッツ、リンゴを思わせる繊細でフルーティな香り。フレッシュでエレガント。

スパークリング・辛口

750ml ¥1,544
シュナンブラン種

つけの濃さに近いコクがあるものを合わせたいですね。それでも味噌や醤油の風味は、ワインよりも印象的になります。

選ぶポイントは味つけの邪魔をしない辛口タイプでコクがあるのだけれども、酸味も含み、舌に残る味つけの余韻を流してくれるような白やロゼ。**イタリアのピノ・グリージョ種と南アフリカのロゼ**をおすすめします。ほか、**甲州種でやや甘口に仕上げたスパークリング**も要チェック。さば味噌やかれいの煮つけなど、みりんの味つけで甘さがあるので、余韻にほのかな甘味があるワインがいいでしょう。

お寿司に合う白ワインって？

寿司やスモークサーモン、白身魚のムニエルなど、素材にひと手間かけて旨味を引き出す料理には、魚介の風

>> 魚介に合うおすすめワイン

南アフリカ

ピーター・ファルケ ブラン・ド・ノワール

ザクロのような果実味とほどよい酸味による、滑らかで切れのいい辛口の味わいを楽しめる。

ロゼ・辛口

750ml ¥1,931

カベルネ・ソーヴィニヨン種

イタリア

テヌータ サンヘレナ ピノグリージョ

熟した洋梨、白桃のような果実味、香ばしくボリュームある口当たり。飲みごたえのある1本。

白・辛口

750ml ¥2,300

ピノ・グリージョ種

味と味つけの両方を生かすワインを合わせたいところ。
おすすめは、キレのいい酸味とジューシーさを感じる辛口ワイン。私は**寿司にはシャルドネよりも甲州が合うと思っています。あとはイタリア・ヴェネト州産のソアーヴェという白ワインもいいですね。**

シャルドネはどこの国でも生産できる素質がしっかりとしているブドウです。そのため、そのしっかりとした味わいが料理よりも目立ってしまうこともあります。また、生臭さが際立つ場合も。国際品種という知名度が高いブドウなので、つい選びがちかもしれませんが、注意しておくとよいでしょう。

餃子やチャーハンにはロゼを

油を大量に使う中華料理は、ややタンニンが感じられて、舌をリフレッシュしてくれる辛口のロゼワインと好

>> 魚介に合うおすすめワイン

イタリア

ピエロパン ソアーヴェ・クラッシコ

輝きを帯びた淡いレモンイエローのワイン。ブドウの花やサンブーカの香りが特徴的。

白・辛口

750ml ¥1,471

ガルガーネガ種

日本

グランポレール 甲州

甲州種の特徴であるフルーティなアロマと、爽やかな酸味が魅力の辛口ワイン。

白・辛口

750ml ¥1,944

甲州種

相性。果実の旨味が残り、調理の味つけをリセットできるものもいいですね。ほかにはスパークリングワインも。糖分が少しだけ含まれたタイプを選ぶと、泡と味わいが香辛料にベストマッチです。

エビチリ、エビマヨ、ガーリックシュリンプなどのエビ料理は、エビ自体の旨味もさることながら、ソースが主張する料理です。調味料が一体となったソースがそれぞれに旨味を足しています。そのコクと旨味を引き立たせるには、ロゼワインがもってこいです。

特におすすめの1本は、**宮崎のキャンベル・アーリーというブドウで造ったピンク色のスパークリングワイン。甘くてとてもジューシーで、エビチリのソースの甘さやエビマヨの旨味にぴったり。**華やかな香りを持っていて、ある意味カクテルみたいに楽しめます。

>> 中華料理に合うおすすめワイン

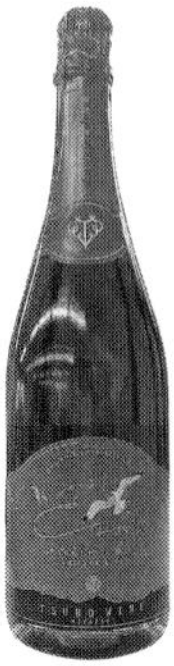

日本

都農ワイン スパークリングワイン キャンベル・アーリー ロゼ

果実の凝縮感も感じ、タンニンの存在感もしっかり。後半は、ミカン、リンゴの風味の余韻を楽しめる。

ロゼ・スパークリング・甘口

750ml ¥2,538

キャンベル・アーリー種

スペイン

マルケス・デ・リスカル ロサード

DOC リオハ

伝統的な製造法で造られた華麗な風味の、非常にアロマティックな辛口ロゼ。

ロゼ・辛口

750ml ¥1,620

テンプラニーリョ種ほか

卵料理はキッシュかスパニッシュオムレツ

卵料理の王道、オムレツやスクランブルエッグも人気のメニューですが、ワインとのマリアージュは少しアレンジしたほうがよさそうです。卵を加熱した際に硫黄のにおいが出てきたりします。なので、ワインと合わせるならおすすめはスパニッシュオムレツとキッシュです。卵の生地に野菜やハムなどを入れているため、その風味が加わりマリアージュを楽しむことができます。

ワインは複数品種のブレンドによって味わいにコクを持たせているものを。**スパニッシュオムレツにはスペインの、キッシュにはフランスの辛口白ワインがよいと思います。**地産地消の組み合わせで楽しみましょう。

鶏卵と同じく魚卵も、風味が強い食材です。たとえば

\>> 卵料理に合うおすすめワイン

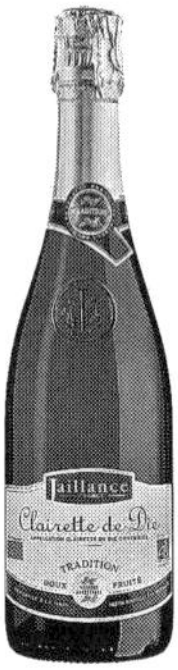

フランス

ジャイアンス クレレット・ド・ディー トラディシオン ビオ

韓国料理のチャンジャやキムチにも、辛味を和らげてくれるほのかな甘味を含んだクリーミーな口当たり。

スパークリング・やや辛口

750ml ¥1,479

ミュスカブラン ア プティグラン種ほか

フランス

ジョンティ ヒューゲル ファミーユ・ヒューゲル

高貴品種を組み合わせたブレンド酒。香り、ボディ、果実味など、品種の個性をうまく引き出している。

白・辛口

750ml ¥2,268

シルヴァーナー種

キャビアなら、カナッペにしてシャンパンと合わせるのが定番。食材の格や質をみて、合わせるワインの質も変わります。家庭ではイクラも128ページでご紹介したようなワインと合わせていただくとして、**唐辛子の味つけがされた明太子も、スパークリングワインがいいでしょう。**辛さが強く魚卵の味もしっかりしているので、舌を洗うようなタイプがおすすめ。キャビアとは違い、価格帯は安いもので十分です。

　韓国料理のチャンジャやキムチも同様で、お手頃なカヴァでもよいですね。

　香辛料と言えば、インドのカレーが王様という感があります。あれほど香辛料を多用したメニューは世界に類がないため、ワインには合わないと言われることもあるのですが、**ピノ・グリージョ種の銘柄は唯一マッチするとも言われています。**

>> カレーに合うおすすめワイン

イタリア

コルパッソ ピノ グリージョ テッレ シチリアーネ

シチリア産のピノ・グリージョ。果実風味が香り、ミネラル感を感じる滑らかな辛口。

白・辛口

750ml ¥1,488

ピノ・グリージョ種

ドイツ

リザード ピノ・グリージョ（グラウ・ブルグンダー）セミドライ

深みのあるフルーティなアロマはサヤインゲン、パイナップルやアプリコットなどを思わせる。

白・辛口

750ml ¥1,483

ピノ・グリージョ種

口当たりはあっさりすっきり、のど越しがよく、香りほのかで香辛料の邪魔をしないタイプとなります。水のグラスを用意する代わりに、冷やしたワインも試してみてください。ライスよりもナンを添えるのがポイントです。

油分多めの料理には、辛口の白

アヒージョは、オリーブオイルとニンニクで煮込む、スペインの代表的な小皿料理。その具材はマッシュルームやエビなど多彩で、スペインバルの普及とともに日本でもだいぶメジャーになりました。

ニンニク風味のオイル料理に合わせるのは、ほどよい酸味を含んだ辛口の白ワインか、少しアルコール度数の高いシェリーがおすすめです。

>> 油料理に合うおすすめワイン

イタリア

フラッテリ・ジャコーザ ガヴィ

DOCG

淡い麦わら色をした白ワイン。品種特有の香りとキリッとした酸が心地よい爽やかな飲み口。

白・辛口

750ml ¥1,836

コルテーゼ種

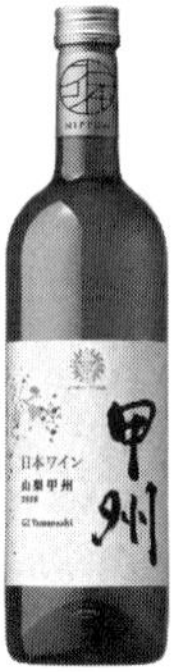

日本

マンズワイン 山梨 甲州

繊細な果実香と上品で爽やかな味わいが、和食をはじめとしたさまざまな料理を引き立ててくれる。

白・辛口

750ml ¥1,620

甲州種

オイルと多彩な具材の組み合わせと言えば、和食の天ぷらもそうですね。とはいえ、その味わいは繊細。合わせるワインは揚げた食材の旨味を引き立てる、主張しすぎない味わいで、かつ油分をすっきりさせるような辛口を選びたいもの。

選択肢の一番手は、やっぱり甲州。次点では、すっきりとした味わいのコルテーゼ種で造られた北イタリアの代表的な辛口白ワインであるガヴィ（GAVI）をおすすめします。

パスタとワインは相思相愛

イタリアの国民食でもあるパスタは、とても種類が多く、地方ごとに個性が際立つ料理です。ここでは代表的なメニューとのマリアージュをご紹介していきます。

まずはペペロンチーノとアルブーロ。前者は日本でもおなじみ、にんにくと唐辛子のオイルパスタ。後者はイタリアでは日本人で言うところの「インスタントラーメン感覚」でいただく、シンプルにチーズで仕上げたパスタです。現地では、これをつまみに白ワインを開けると言います。**チーズや唐辛子の風味を味わえるこれらのメニューには、強すぎず薄すぎないほどほどのコクがある白の辛口タイプが合うでしょう。**

卵の黄身とパンチェッタ、黒コショウのこってりしたソースでいただくカルボナーラも日本人に人気の一皿。イタリアの首都ラッツィオ州のローマが起源とされるメニューです。

重めのソースになりますから、サクッと飲めるチェイサーのような軽やかな白ワインを合わせたいですね。やはり、**地元ラッツィオのフラスカーティ・スーペリオーレがいいと思います。**

トマトソースの一皿もご紹介しておきましょう。アマトリチャーナは、炒めた玉ねぎとパンチェッタにトマトを潰し入れて水分を飛ばしたソースに、ペコリーノチーズを振っていただく、こちらもローマ近郊を発祥とする定番メニュー。**軽いタッチのイタリア産赤ワイン、重すぎないものと合わせたいですね。ご紹介しているのは、ファンティーニ社のモンテプルチャーノ ダブルッツオ。**

>> パスタに合うおすすめワイン

イタリア

エポス フラスカーティ・スーペリオーレ リゼルヴァ

甘いアーモンドの香りとトロピカルフルーツの印象が融合。遅摘みブドウならではの豊満な風味。

白・辛口

750ml ¥2,320

マルヴァジア種ほか

イタリア

モンティチーノ・ロッソ アルバーナ・ディ・ロマーニャ

カモミールのようなエレガントで繊細な香りと、干草やハチミツのようなまろやかな香りに包まれる。

白・辛口

750ml ¥1,944

アルバーナ種

やわらかな果実味が特徴のビオワインです。

パスタと同じように、当然ピザもワインとのマリアージュが味わえます。パスタの例はもちろん、ほかの料理とのマリアージュも参考にして、相性の妙を探るのも楽しいですよ。

>> パスタに合うおすすめワイン

イタリア

**ファンティーニ
モンテプルチャーノ
ダブルッツォ ビオ**

オーガニックで栽培したブドウを使用。やわらかな果実味の広がる落ち着いた味わい。

赤・フルボディ

750ml ¥1,836

モンテプルチアーノ
ダブルッツォ種

THEME 5

おつまみとワインの美味しい関係

チーズ・ナッツ・チョコをワインと味わう

昼夜の食事に限らず、手軽なおつまみと合わせて飲むのもワインの楽しみのひとつですよね。のんびりした休日の午後や、ゆったりしたいお風呂上がり、映画やドラマのお供にワインとちょっとしたおつまみを用意すれば、いつもより少しリッチな気分でリラックスタイムを過ごせそうです。

ここでは、ワインとおつまみのおすすめの組み合わせ方をご紹介していきますので、ぜひ参考にしてみてください。

まずはたくさんの種類があるチーズから。種類は多いですが難しく考えず、ご自分の好きなチーズだけをチェックするのでもよいと思いますし、意外に奥深いチーズとワインの世界をじっくり探求してみるのもよいのではないでしょうか。

「プロセス」と「ナチュラル」、何が違う？

プロセスチーズとは、ナチュラルチーズを加熱して溶かし、乳化させてから固めたもの。加熱処理されるため乳酸菌や微生物が死滅し、熟成することはありません。その反面、品質が一定で保存が簡単。なので日本では、このプロセスチーズのほうがなじみ深いかもしれませんね。よくスーパーで見かけるスライスチーズや6Pチーズも、このプロセスチーズになります。香りはフレッシュチーズに比べてやや控えめで、口当たりもまろやか。優しい塩味で子供も食べやすい味わいです。

合わせるワインも、赤いベリーフルーツを思わせる香りのガメイ種から造る赤ワインや、南フランスのロゼワインがおすすめです。

>> プロセスチーズに合うおすすめワイン

フランス

ル ジャジャド ジョー シラー ロゼ 紫ラベル

ジャジャとは南仏のスラングで日常的に楽しむキャラフ入りの陽気なワインを表す。コクと心地よい酸味。

ロゼ・辛口

750ml ¥1,285

シラー種

フランス

ジョルジュ・デュブッフ フルーリー

フルーリーという名の通りユリやアイリスを思わせる甘い香りが漂う、優しい口当たりのワイン。

赤・ミディアムボディ

750ml ¥2,859

ガメイ種

ナチュラルチーズはプロセスチーズの原料となっていますが、牛、水牛、羊、ヤギなどそれぞれの乳を乳酸菌や酵素で固めて作られます。その種類は大きく分けて7種類。ひとつずつ、見ていきましょう。

1. フレッシュタイプ

保存期間が短い非加熱タイプの、モッツァレラ、カッテージチーズ、リコッタ、フェタなど大部分が牛、それ以外に水牛・羊の乳から作られたチーズです。マスカルポーネなどのクリームチーズもこのカテゴリーに属します。水分が多いので鮮度には注意が必要です。

たとえばモッツァレラチーズは、遠方への輸送が可能になって、私たちも味わえるようになりましたが、水に浸かってないと品質が保てません。昔は水牛の乳を練ったものを水の中でちぎって、30分以内に食べていたくら

>> フレッシュタイプに合うおすすめワイン

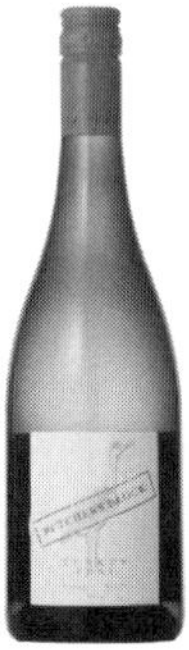

オーストラリア

ターキーフラット ブッチャーズ ブロック ホワイト

香りが華やかで、ライトタイプの均整のとれた味わいの白。「自然との共存」を哲学としたワイナリー。

白・中辛口

750ml ¥2,700

マルサンヌ種ほか

イタリア

ヴィッラ・マティルデ フィアーノ・ディ・アヴェッリーノ

夏の花や、洋ナシ、ヘーゼルナッツの香りに、トロピカルフルーツやハチミツが続く洗練された味わい。

白・辛口

750ml ¥2,487

フィアーノ種

いですから、地元でしか味わえないチーズでした。

合わせたいワインは、水牛モッツァレラの産地、イタリアのカンパーニャ州の白、長い名前ですが、フィアーノ・ディ・アヴェッリーノ。きれいな酸味とミネラル感に富み、さわやかな印象のワインです。

乳脂肪分の高いクリームチーズは、トロピカルフルーツのようなフルーツ系の香りが立つワインと合います。**おすすめしているのは、オーストラリアの複数品種をブレンドしたもの**です。塩気も香りも少ないチーズと組み合わせて、香り立つ果実味の心地よさを楽しんでいただきたいですね。

2. 白カビタイプ

外側に白カビをつけて熟成させるこのタイプには、カマンベール、ブリ・ド・モー、ヌーシャテルなどがあります。チーズの中身のトロッとしたやわらかさを楽しむので、乳脂肪分の旨味が味わえます。なかでも有名なのはカマンベールでしょう。

やわらかな舌触りやミルキーな味とともに楽しむ白ワインなら、ほどよいコクのある1本。

赤ワインでしたら、いちごのような香りを持つフルーティさがあるピノ・ノワール種。カマンベールは長く熟成させるタイプに比べて塩味が少ないので、渋味が控えめで繊細な味わいのものを。酸味が感じられる分、チーズのトロッと感を流してくれます。

カマンベールの楽しみ方は、「中身がトロッとした状態で楽しむ」ことに尽きます。柔らかさが命です。けれども意外にみなさん、まだ固めの状態で食べてしまうことが多いようです。

カットした際、気泡の跡が見えている状態だとまだ早いですね。これが詰まってトロトロになったくらいが一番美味しいので、冷蔵庫でもできれば野菜庫に入れて、様子を見ながら食べ頃を探ってみてください。

「野菜庫」としたのは、なるべく乾燥させないため。低めの温度で湿度が保たれるうってつけの場所が野菜庫です。普通の冷蔵庫では、乾燥して固まってしまいますか

>> 白カビタイプに合うおすすめワイン

フランス

マルキ・ド・グーレーヌ
ピノ・ノワール

色は濃いルビーで、赤い果実やフルーツ、スパイスの香りが混じり合った香りが広がる。

赤・ミディアムボディ

750ml ¥1,512

ピノ・ノワール種

フランス

ドメーヌ・デュ・タリケ
シャルドネ

フレッシュで豊かな味わいのシャルドネ 100%。新鮮なバターのような香ばしさと花の香り。

白・辛口

750ml ¥1,283

シャルドネ種

ら、食品用密閉保存パックを使ってもよいですね。輸入品の場合だと木の薄い箱や紙箱、包装紙に包まれていますが、そのまま保存パックに入れて食べ頃を待っていただいても大丈夫です。冷蔵庫から出したら室温になじませてやわらかくして召し上がってください。

そういったわけで、**カマンベールは買ってから、ある程度の期間は熟成させるのがセオリーです。**日本の食品衛生法上、熟すまで待って販売するのは難しいんですね。フレッシュチーズもそうですが、賞味期限が実はとっても短いんです。すぐ食べたい場合は、プライスオフになっているものを見てみるのもアリです。もしかしたら熟成してトロっとしたものがあるかもしれませんよ。

3. ウォッシュタイプ

ウオッシュタイプは、固めたチーズの外側に塩水や酒類を吹きかけたり洗ったりしながら熟成させたチーズです。表面に特定の菌がついて内側へ繁殖していきます。その菌がたんぱく質を分解するときのにおいが強烈なため、個性の強い仕上がりになります。

代表的なのはフランス・ブルゴーニュ地方のエポワス、フランス・ノルマンディー地方のポン・レヴェック、フランス・アルザス・ロレーヌ地方のマンステール、イタリア・ロンバルディア州のタレッジョ。エポワスは「マール」というワイン用ブドウの搾りかすで造られる蒸留酒と塩水で作ります。ポン・レヴェック、マンステール、タレッジョは塩水で洗って作られます。

合わせるワインは、それぞれ造られている地域のものをおすすめします。２０００円前後から３０００円くらいまでの銘柄で選びました。

エポワスにはピノ・ノワール種のワインを。ピノ・ノワールのつまみとして塩気の強さやウォッシュ風味を楽しめます。

やや香りがマイルドなタレッジョは、泡立ちのあるスパークリングワインと合わせてみてください。スパークリングは泡立ちがある分、料理の味わいがリセットされやすいので、個性の強いものと意外と相性がいいんです。

>> ウォッシュタイプに合うおすすめワイン

イタリア

ミラベッラ フランチャコルタ ブリュット

完璧な酸味のスパークリング。心地よい苦味が後味に残り、バランスが取れた中程度の余韻が続く。

スパークリング・辛口

750ml ¥2,798

シャルドネ種ほか

フランス

クロズリー・デ・アリズィエ ブルゴーニュ ピノノワール

最高峰のブルゴーニュワインを造るコート・ドール地区の上質赤ワイン。完熟したブドウの濃厚な風味。

赤・ミディアムボディ

750ml ¥1,751

ピノ・ノワール種

マンステールと合わせたいのは、ゲヴュルツトラミネール種で造られた白ワイン。とても華やかでうっとりするような花がイメージされる香りを持つワインです。チーズの個性的な風味や塩味にとろみを感じるような旨味の濃縮感、フルーツ感満載の中辛口で、意外なマリアージュが楽しめるでしょう。

>> ウォッシュタイプに合うおすすめワイン

フランス

ドメーヌ・ツィントフンブレヒト ゲヴュルツトラミネール テュルクハイム

柑橘、ライチなどの熟れた果実やスパイス、非常にドライな味わい。

白・辛口

750ml ¥3,240

ゲヴュルツトラミネール種

4. 青カビタイプ

その名の通り、青カビが入っているチーズです。ウォッシュタイプ同様にほとんどのものが風味が強く味も濃厚、塩味も強めなのが特徴です。**イタリアのゴルゴンゾーラ、イギリス中部のスティルトン、フランスの南部産で羊の乳から作られるロックフォールが世界三大ブルーチーズと呼ばれています。**

合わせるワインはなんといっても甘味が強いものがおすすめです。「ほどほどに甘い」だと、その強烈な塩味と青カビ香に負けてしまうので、しっかり甘いほうがいいですね。互いに旨味を引き立て合い相乗効果が楽しめます。青カビチーズのピザを食べるときに、ハチミツがついてくるのもそういった相乗効果を狙ってのこと。**ロックフォールには白の極甘口、スティルトンには赤いポートワインを選びました。**

手元に甘いワインがない場合は、ハチミツやジャムを添えてみるだけでも違いますよ。

5. セミハードタイプ

ナチュラルチーズの中でも、水分がやや少なめ（水分が38〜46%）で保存性が高いチーズです。塩味もほどほどでクセがなくて食べやすく、ピザのトッピングとしても重宝されていますが、熟成もします。

オランダを代表するゴーダは、クリーミーでさっぱりしたテイスト。熟成が進むにつれてコクが出てきます。

サムソーはデンマークを代表するチーズ。加熱すると風味が際立ち、まろやかにとろけます。マリボーもデン

>> 青カビタイプに合うおすすめワイン

ポルトガル

ヴィニョス・ボルゲス ルビーポート

IGP・オーガニック

深いルビーレッドの色調で、ポート特有の甘味に、新鮮なストロベリーのような爽やかさをあわせ持つ。

赤・ミディアムフルボディ

750ml ¥2,727

トウリガ・フランカ種ほか

フランス

シャトー・カントグリル ソーテルヌ

砂糖漬けのレモンと白桃のアロマが香る。洋梨の果汁を絞ったようなまろやかでピュアな果実味。

白・甘口

750ml ¥3,739

セミヨン種ほか

マークのチーズで、チーズフォンデュなどによく使われます。

旨味とまろやかさのあるチーズに赤ワインはコート・デュ・ローヌを。グルナッシュ種やシラー種という南フランス産の熟したブドウの旨味が詰まっています。

もう1本は、ボルドーの白ワイン。セミヨン種を主体にソーヴィニヨン（・ブラン）種をブレンドしたもの。飲みごたえとも言えるリッチ感と、食事に合わせられる酸味を含んだ辛口タイプでチーズにもぴったり。

6. ハードタイプ

セミハードタイプのチーズよりももっと水分を少なくしたもの（水分38%以下）。そのため、コクが強く味が濃いという特徴があります。長く熟成させることもできる大きな塊で保存されたりします。

>> セミハードタイプに合うおすすめワイン

フランス

**シャトー ド リコー
ボルドー**

柑橘系果実の豊かなアロマが広がる。グレープフルーツとオレンジピールを感じる味わい。

白・辛口

750ml ¥1,491

セミヨン種ほか

フランス

**コート デュ ローヌ
ルージュル プティ
アンデゾン**

しっかりした果実味があり、バランスが取れた味わい。ブドウの旨味が凝縮されていても、飲み疲れない。

赤・ミディアムボディ

750ml ¥1,512

シラー種ほか

オランダではゴーダに次ぐ生産量のエダム、本場スイスでチーズフォンデュのベースに使われるエメンタール、カットしてそのまま食べることも多いフランスのコンテ、スイスでは溶かしてじゃがいもにつけていただくラクレット、同じスイス産のエメンタールよりクリーミーでナッツのようなコクのあるグリュイエール。そして「イタリアチーズの王様」とも呼ばれるパルミジャーノ・レッジャーノが代表的でしょう。料理ではすりおろしてトッピングにしたり、溶かしたりなど、濃厚な風味と旨味がアクセントとして生かされます。

コンテの産地は、フランス東部のスイスとの国境付近です。ジュラ県もその中にあるので、そのワインをご紹介します。家族で食事のときに合わせたいワインを造ろうと始められたワイナリーです。天然酵母で醱酵させるシュール・リー製法によって旨味を多く溶け込ませるこ

>> ハードタイプに合うおすすめワイン

イタリア

ノヴェチェント46
ランブルスコ マントヴァノ

繊細ながらしっかりとした華やかな香りの微発泡性赤ワイン。調和のとれた余韻の長い味わい。

赤スパークリング・辛口

750ml
2019年秋発売予定
ランブルスコ・マントヴァノ種

フランス

ジャン リケール コート
デュ ジュラ レ サル
シャルドネ

重すぎず、しっかりした骨格と美しい酸をもつユニークなワイン。大きめのグラスで飲むのがおすすめ。

白・辛口

750ml ¥3,564
シャルドネ種

となどにこだわり、三ツ星レストランでも人気があります。**チリやカリフォルニア、ブルゴーニュのシャルドネとは一味違って、地味深い個性が際立っている1本です。**

もうひとつおすすめするのはイタリア産の微発泡の赤ワイン・ランブルスコ。スパークリングほどではありませんが、シュワっとしたやわらかな泡立ちを感じます。チーズの塩気と濃い旨味が、赤ワインの渋味と優しい泡に合いますよね。お手頃価格なのが嬉しいです。赤ワインは、多少渋味があってもハードタイプのチーズと合うんですね。

7. シェーブルタイプ

「シェーブル」はフランス語で「ヤギ」という意味。**文字通りヤギの乳が原料で、牛乳のチーズよりも起源は古いと言われています。**ヴァランセ、サント・モール・ド・トゥーレーヌ、クロタン・ド・シャヴィニョルなど、フランス・トゥーレーヌ地区産のものが有名です。トゥーレーヌはロワール川沿いにあるトゥール市を中心とする一帯です。

>> シェーブルタイプに合うおすすめワイン

フランス

ドメーヌ・デュテルトル トゥーレーヌ・アンボワーズ ブラン クロ・デュ・パヴィヨン

シトラスや洋梨、白桃の奥ゆかしい香り。しなやかな味わいとミネラル感。

白・辛口

750ml ¥2,160

シュナン・ブラン種

香りは牛乳に比べるとヤギの乳特有の風味があって個性的です。若い状態だと舌触りはパサッとして繊維質っぽいやわらかさ。脂肪を抜いたカッテージチーズに近い舌触りです。白カビを付けたり炭の粉を塗ったりするものもあり、熟成によりねっとりとしたやわらかさやコクが出てくるものもあります。

ワインはやはりアンジュー地区の白ワイン。この辺りの主要白ワイン用ブドウとして認められているシュナン・ブラン種で造られたもの。辛口の味わいの中に酸味の持ち味が長く感じられます。シェーブルチーズにわずかに含まれている酸味にマッチします。

ナッツはドライフルーツとともに

意外に思われる方もいらっしゃるかもしれませんが、**1990年代前後には「ナッツはワインには一番合わない食べものだ」と言われていました。なぜなら、香ばしすぎるからです。**シャルドネも樽に入れて熟成させると香ばしく樽の風味が感じられますが、それよりも強いですよね。しかも噛むと口の中でクラッシュされるため、舌がざらついてワインとなじまないなど。

けれども、ドライフルーツと組み合わせるならアリです。

一緒にほおばると、噛みしめるうちに果肉のしっとり感とナッツの固さがなじんでいきます。フルーツの風味が残ってるうちにワインを口に含むと、ナッツ単体では味わえなかったフルーツの香りや甘味、酸味とともにマリアージュが楽しめます。ナッツとフルーツの組み合わせは、「アーモンド＋白イチジク」や「くるみ＋ドライアプリコット」などがいいでしょう。

ワインでは、香りにフルーツをイメージさせる華やかさを含んでいるもの。食事ではなく、つまみと飲むので、アルコール感をゆっくり楽しめる複雑味やボディのあるタイプがいいですね。その香りとナッツ＆ドライフルーツの相乗効果を楽しんでください。**おすすめは、樽に由来するバニラ香などと醸造の香りも感じられ、旨味が味わえる辛口のシャルドネと、メルロで造られた香り高く味わいにほどほどのボディのあるボルドー産赤ワインです。**

チョコレートにワインはいかが？

チョコレートもカカオの風味が強いので、よさそうなワインを選んでみました。食べるタイミングは、デザート代わりのことが多いでしょう。おなかはすでに満ち足りているとして、アルコール度数が20度くらいあるものを選んでみました。

おすすめは、ブランデーを加えて造られるポートワインやマディラワイン。チョコレートの甘味はもちろん、カカオの香りと渋味、脂分に負けないボディと甘味を持つ銘柄です。チョコレートは高カカオのものよりも、甘味強めでもよいと思います。

ちなみにオリーブは、それだけで召し上がるのであれば、ゆっくり飲みたいときのおつまみ。**オリーブのほのかな香りと旨味を感じながら飲める、深みを感じる辛口赤ワインがおすすめです。**

>> オリーブに合うおすすめワイン

スペイン

ラ・エスタカーダ シラー/メルロー

まろやかさのあるタンニンはエレガントで穏やか。味わいの奥行きも感じられる、長い余韻を持つワイン。

赤・フルボディ

750ml ¥2,061

シラー種ほか

>> チョコレートに合うおすすめワイン

ポルトガル

ニーポート レイト ボトルド ヴィンテージポート

LBV

プラムやチェリーを想わせる果実香。シルキーな舌触りでしっかりとしたテクスチャー。余韻も長い。

赤・フルボディ

750ml ¥3,980

トウリガ・ナショナル種ほか

153　　**LESSON 2**　テーマに合わせて選ぶと、ワインはもっと楽しい

原産国ごとにワインが選びやすい！

Amazon でワインを選ぶメリットのひとつに、商品の絞り込み機能がとっても優秀という点があります。「ワインの種類」（白・赤・ロゼなど）や「価格帯」で絞り込めるのはもちろんのこと、「ブドウの種類」や「生産年」など、非常に細かく分類されており、ほしいものがすぐに見つかるようになっています。その中でもぜひ使っていただきたいのが「原産国」での絞り込み。50カ国以上の原産国に分類されているうえに、各国の地域ごとに検索することも可能です。P68 からご紹介したような、その土地特有の味わいをぜひお試しください。

1 ワインのストアの検索方法：検索エンジンで「アマゾンワインストア」と入力。検索結果の「ワイン 通販 | Amazon - アマゾン」をクリック。

2 ページ左側にある絞り込み欄から「原産国」のカテゴリを見つけて、「続きを見る」をクリック。

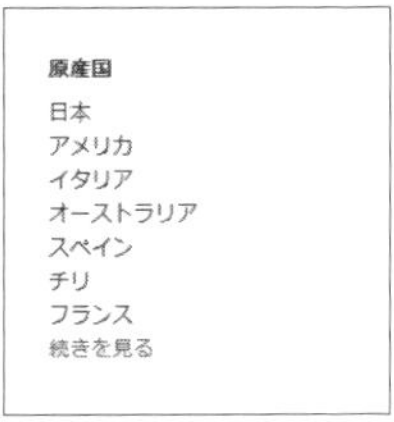

3 アイウエオ順で世界中の国々が表示されるので、好きな国をクリック。

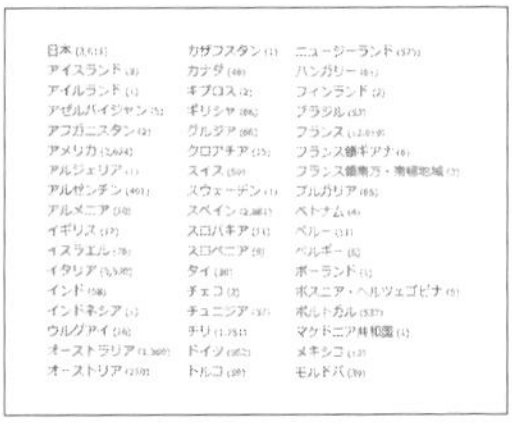

4 その国のワインが表示されたら、左側にある絞り込み欄からさらに細かい地域が選べます。

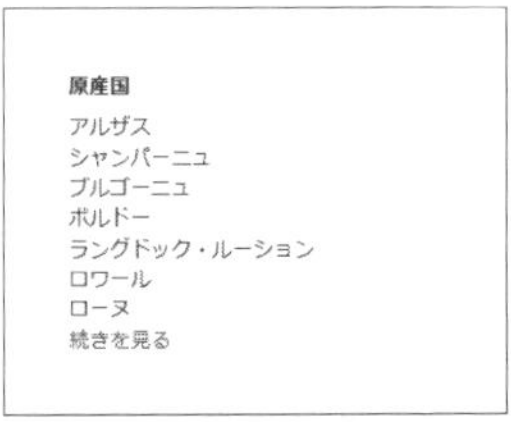

LESSON 3

教えてAmazonソムリエさん！
こんなワインを探しています。

Q 缶詰をおつまみにするのにハマっています。ツナ缶に合うワインを教えてください！

A Amazonソムリエの回答

魚臭さが少なくて応用範囲が広いツナ缶は、鶏肉と同様にアレンジがしやすい食材です。**メニューにもよりますが、基本は白ワインを合わせるのがよいでしょう。**

サラダのトッピングとして使うなら、ドレッシングの酸味と合わせてソーヴィニヨン（・ブラン）やリースリング系のすっきりした飲み心地の辛口白ワインを。

パスタソースとして使うなら、シャルドネの辛口を。

質問者さん情報

50代男性

予算 >> 1000〜2000円

種類 >> どれでも

備考 >> ツナをアレンジしたときのワインとの合わせ方も知りたいです。

温かいソースと好相性です。ほかに、シューマイや春巻きの具にツナ缶を使う場合も、ぜひ辛口のシャルドネを合わせたいですね。

ピーマンと一緒に鶏ガラスープの素で炒めるなら、ボリュームのある青臭い香りに負けないソーヴィニヨン（・ブラン）でしょう。南アフリカ産なら旨味が強く、中華ベースの出汁にも負けません。

シンプルにマヨネーズであえていただく場合も、シャルドネをおすすめします。強いコクと油脂分に負けない、南アフリカか南米チリのものがよいと思います。さらにしょうゆを足す場合は、大豆風味が強いので、垂らす程度にとどめましょう。

ポテトサラダも同じく、チリ、南アフリカのシャルドネがグッドです。ブルゴーニュのエレガントさではなく、よく熟したブドウで造られた厚みがある辛口。冷やしても味がしっかり残るシャルドネが好相性です。

>> ツナ缶におすすめワイン

チリ

サンタ エマ セレクト テロワール シャルドネ

パイナップルのような南国を彷彿させるフルーティな白。酸味も穏やかでどんな料理とも合わせやすい。

白・辛口

750ml ¥1,069

シャルドネ種

南アフリカ

ピーター・ファルケ ソーヴィニヨン・ブラン

トロピカルフルーツや柑橘類を思わせる香りが立ち上り、レモングラスを刻んだような新鮮な風味。

白・辛口

750ml ¥1,989

ソーヴィニヨン・ブラン種

手作り料理を持ち寄る女子会におすすめのワインを教えてください！　ちなみに私はサンドイッチを持っていく予定です。

Amazonソムリエの回答

サンドイッチも、さまざまな具材で楽しむお料理ですよね。**たとえばチーズとハムの具材なら、白ワインはニュージーランドのソーヴィニヨン・ブランがおすすめです。**ハムは脂分がそれほどないけれど、チーズの旨味と一緒に、ワインの優しい酸味と合わせたいですね。

赤ワインなら、渋味の少ないガメイ種がハムの風味に合わせやすいでしょう。冷やしても渋味がざらつかず、

質問者さん情報

20代女性

予算 >> 1500〜3000円

種類 >> 白・赤・スパークリング

備考 >> 女子会が盛り上がるチョイスをお願いします！

果実味を味わえる瑞々しさがあるので、パンの乾いた質感を潤してくれる効果もあります。

ＢＬＴサンドも、ニュージーランドのソーヴィニヨン・ブラン。トマトのしっかりした酸味、レタスの青味、ベーコンの塩味と旨味に負けないワインの味わいがあります。

卵サンドだったら、スパークリング。泡立ちがあってのど越しがよいイタリアのプロセッコあたりはいかがでしょうか。エクストラ・ドライとは、ほのかな甘味を感じるやや辛口。卵とパン生地の旨味に、この甘味がマッチします。

トーストしたパンを使うクラブハウスサンドは、香ばしい風味が強いので樽で熟成させたシャルドネがよいですね。シャンパン、カヴァもパンの香ばしさに合うと思います。

>> 女子会におすすめワイン

イタリア

トスティ プロセッコ
エクストラ・ドライ

デリケートなアロマと少しビターな味わいを感じるテイスト。女性にも飲みやすいほのかな甘さ。

スパークリング・辛口

750ml ¥1,880

グレーラ種

ニュージーランド

ヴィラ・マリア
プライベート・ビン
ソーヴィニヨンブラン

パッションフルーツ、フレッシュシトラス、メロンなどのアロマがあふれるジューシーな口当たり。

白・辛口

750ml ¥2,160

ソーヴィニヨン・ブラン種

主食がほとんどコンビニ弁当なので、コンビニ弁当に合うワインを教えてください！　おかずは唐揚げやコロッケなど揚げ物が多いです。

Amazonソムリエの回答

脂の強い揚げ物に合わせるなら、ボディがしっかりした赤ワインがグッド。渋すぎないものがよいでしょう。逆に避けたほうがよいのは、すっきりした飲み口の白ワイン。温かい揚げ物に合わせると、酸っぱく感じてしまうでしょう。冷やして飲むとなおさらですね。

お弁当ということは、ごはんも一緒に食べますから量はそんなに飲まないはず。だったら、**バッグ・イン・ボッ**

質問者さん情報

20代男性

予算>> 500～2000円

種類>> 赤・白どちらでも

備考>> 安くて美味しいものを教えてください！

クスの赤ワインをおすすめします。密閉されたプラスチックバックの下に蛇口がついているので、保存性が高いのが特徴です。最近よく見かけるしょうゆのパック入りと同じで、ワインが酸化しないから味の劣化もゆるやか。1か月経っても十分飲めます。

バッグ・イン・ボックスは1・5リットルから3リットルのものまでありますから、毎日グラス1杯とか2杯くらいで十分な方にはぴったりな仕様です。逆に大勢でわいわい集まったときも安心の大容量。値段も手頃で、使い勝手が非常にいいワインなんですね。

「安かろう悪かろう」というイメージがあるかもしれませんが、決してそんなことはありません。最近は美味しいものも増えています。なかでもおすすめは、ブドウ品種がきちんと書いてあるもの。産地もスペイン、イタリアなど豊富。オーガニックもあります。揚げ物に合わせるなら、テンプラニーリョもいかがでしょうか？

>> コンビニ弁当におすすめワイン

スペイン

エル ボニート テンプラニーリョ バッグインボックス

しっかりとした味わいでありながら、果実の香りと酸味のバランスがよく、どの料理にも合わせやすい。
(写真：左下)

赤・ミディアムフルボディ

3000ml ¥1,706

テンプラニーリョ種

スペイン

バッグインボックス VIVAZ

毎日飲んでも飽きない、幅広い料理に合う素直な果実味と、伸びやかな渋味と酸味。
(写真：左上)

赤・ミディアムボディ

3000ml ¥1,998

テンプラニーリョ種ほか

「ワインの質が高い」って、どういう意味ですか？　高いワインって、何が違うんですか？

Amazonソムリエの回答

わかりやすく言えば、味わい全体のバランスがいいということです。渋すぎず甘すぎず酸っぱすぎず、全体がよくなじんでいて、ワインとして旨味や香りを楽しめるものが「質が高い」と言えると思います。

当然、どのワインメーカーも「バランスをとる」ということに心血を注ぐわけですが、そこで個性をどう生かすかが腕の見せどころ。たとえ同じ米で日本酒を造って

質問者さん情報

30代男性

予算 >> 5000円以内

種類 >> どれでも

備考 >> 「質が高い」ワインを飲んでみたいです！

も、水や畑、杜氏が違えば味が違うのと同じです。
ワインの場合は特にブドウが土壌の影響を受けるほか、ブドウをどれくらいプレスした段階で止めるか、赤ワインだったらどれくらい種と皮を漬け込むか、醗酵しているときの温度調整の機微も含めて、醸造家がひとつひとつ細かく神経を使ってオリジナリティを追求するわけです。結果、昔より技術も向上し質の高いものを生産するワイナリーが増えました。
造る人の感性にもよります。科学的な要素を取り込むことができますし、逆に丁寧だけど科学的なものを排除して自分の流儀で造るという人もいます。「去年は何十回もかき混ぜたけど、今年は数回にしとこう」とか、そういう知恵と技術の結晶が1本のワインになるんですね。それが市場にて美味しさや質などの評価を受け、需要と供給のバランスで、ワインの価格に影響が出てくるわけです。

>>「高い質」のおすすめワイン

フランス

バルバベル コステル ド ニーム

濃縮感のあるワイン。収穫はすべて手摘み、かつ、収穫の際と除梗の前に2度選果が行われている。

赤・フルボディ

750ml ¥2,119

カリニャン種ほか

オーストリア

マインクラング グラウ パート ピノグリージョ

世界で一番古く、審査が非常に厳格なビオディナミの協会の認証を取得したワイン。

白・辛口

750ml ¥3,132

ピノ・グリージョ種

10年目の結婚記念日に、妻と結婚した年のワインを飲みたいのですが、2009年の美味しいワインを教えてください。

Amazonソムリエの回答

熟成しているワインを選びたいときに、「ヴィンテージものを」と言われますが、必ずしもその言葉には「熟成したよいもの」というまでの意味合いはありません。**ヴィンテージは生産年、つまりブドウの花が咲いた年を表しています**。ブドウの開花は6~7月にかけて。実の成熟を待って収穫して、真冬が訪れる前くらいまで醗酵させ、翌春に澱を濾して熟成、ものによっては樽に入

質問者さん情報

40代男性

予算 >> 5000 ~ 30000円

種類 >> 赤

備考 >> 夫婦でよく一緒にワインを飲むので、記念日はちょっといいものを飲みたいです。

れて寝かせたりすることでワインになります。

樽で3年程度熟成させてから瓶詰めして出荷されるのがボルドーワイン。ですから2019年ヴィンテージは、早くても2021年にならないと市場に出回らないというわけです。

ご質問の2009年は作柄がよかったヴィンテージ。せっかくの記念日ですし、こういう機会でないと、なかなか飲めないものがよいですよね。じっくり味わうのに相応しい品質です。

ちなみに、グレートヴィンテージとはブドウの作柄が特によい年のこと。これは100年で4～5回くらいしかなく、近年だと2009年のボルドー地区がそうでした。**逆に2013年はあまりよくないとされていますが、有名な銘柄が比較的リーズナブルに手に入るというメリットはあります。**

>> 結婚記念日のおすすめワイン

フランス

シャトー ラ ガフリエール 2009

紫色が濃く、ブルーベリーの香りがある。エレガントさはこのシャトーの特徴であり、躍動的なワイン。

赤・ミディアムフルボディ

750ml ¥11,387

メルロ種ほか

フランス

シャトー・ド・リュサック 2009

果実味が層をなし、エレガントなミネラル感によって全体が見事にまとめ上げられている。

赤・フルボディ

750ml ¥4,979

メルロ種ほか

Q 友人の結婚祝いに、ラベルに夫婦の名前を入れたワインを送りたいのですが、できますか？

A Amazonソムリエの回答

Amazon自体では行っていませんが、出品者のサービスとしてはご用意があります。

Amazonのワインストアにアクセスしていただくと（アクセスの仕方はP154①参照）、その検索結果の左側のスペースに「カテゴリ」「原産国」「（白または黒）ブドウの種類」「価格」「カスタマーレビュー」「商品オプション」などの検索ワードが一覧で表示されま

質問者さん情報

30代女性

予算 >> 4000～10000円

種類 >> 赤

備考 >> －

す。**その「商品オプション」のところの「名入れ」をクリックすると、ラベルに名前を入れられるサービスつきの商品が表示されます。**

Amazonで用意しているサービスでは、「カートに入れる」をクリックした後の画面で「ギフト設定」のチェックボックスをクリックしてからレジへ。商品にもよりますが、ギフトラッピング（308円）、シールタイプのし（154円）が選べます。

「商品オプション」には「名入れ」のほか、お得な「飲み比べセット」「お試しセット」「訳あり」が絞り込みワードとして用意されている。

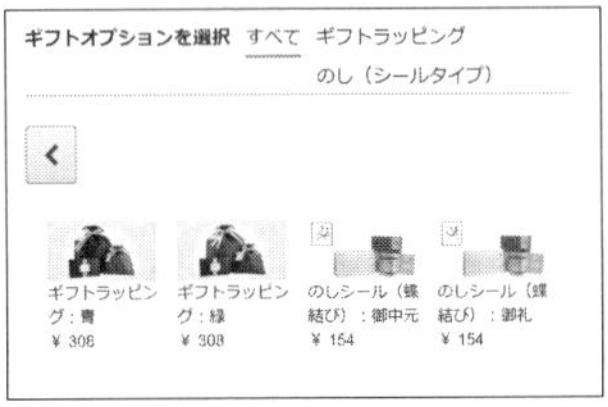

ギフトラッピングは赤、ピンク、青、緑の4色をご用意。Amazonの段ボールに貼られるのしシールは「御中元」「御礼」「御祝」の3種類。

>> 結婚祝いのおすすめワイン

スペイン

名入れ 名前入り オリジナルラベル ワイン 酒【写真ラベル】0084 赤ワイン

ラベルに写真もプリントできるオリジナルボトル。ギフトラッピングも可能（有料）。

赤・ミディアムボディ

750ml ¥4,480

テンプラニーリョ種

フランス

アートテック 名入れ 赤ワイン シャトー・ベルヴュー

ボトルに名入れ彫刻ができる商品。大切な方のお名前を彫刻して、世界に1つだけのオリジナルギフトに。

赤・ミディアムボディ

750ml ¥6,156

メルロ種ほか

Q 夜寝る前に一人でリラックスして飲めるワインをおすすめしてください！

A Amazonソムリエの回答

ワインはもともと食中酒ですから、夜寝る前はあまりおすすめしていませんが、122ページの「冬ワインの楽しみ方」でも触れたように**ホットワインなら、ナイトキャップとしてグラス一杯楽しむのもよいでしょう。**

1本のワインには、香りの成分が60種類以上含まれていると言われています。温めることによって、さらに香りが開いてきますから、リラックス効果が期待できま

質問者さん情報

40代女性

予算>> 1000〜3000円

種類>> 赤・白

備考>> −

す。また、温めることによってアルコール分が飛ぶので、お酒が強くない方でも飲みやすいという側面もあります。

ワインはホットワイン用でないものでもＯＫ。ただし、赤ワインは温めると渋味が強く出るので注意してください。ハチミツを入れて好みの甘さにアレンジするのもよいですね。

雰囲気作りも重要です。音楽をかけたり照明を暗めにすることで、リラックス効果はより高まるでしょう。

夜寝る前に限らず、単に「リラックスして飲みたい」のであれば、適度な室温で飲める赤ワインがおすすめ。それほど気にせず、多少温まっても飲めるものがよいでしょう。**品種で言うと、南イタリアのプリミティーヴォ。干したブドウをプレスしているので、余韻に甘味が残る感じ。とてもリラックスできると思います。**

>> リラックスタイムのおすすめワイン

イタリア

ア・マーノ インプリント・オブ・マーク・シャノン・アパシート

味と酸度のバランスが取れていて飲みやすさが特徴。甘口でレッドベリーなどの凝縮した果実味がある。

赤・フルボディ

750ml ¥2,384

プリミティーヴォ種

ドイツ

スターリング・キャッスル スゥイートレッド

濃厚でフルーティな持ち味。ラズベリーやチェリーの甘い香りとまろやかなタンニンが心地よくリラックスさせてくれる甘口。

赤・ミディアムボディ

750ml ¥1,565

ドルンフェルダー種

ビジュアル系バンドのボーカルにワインを贈りたいのですが、彼の世界観に合うものを教えてください！

Amazonソムリエの回答

贈りたい人の味の好みがわからない場合、どんなワインを選んだらよいか難しいですよね。そんなとき、ワイン選びのヒントになる情報があります。

それは、贈る相手のプロフィール。その人の経歴からプレゼントによさそうな銘柄がきっと見つかります。

たとえば、そのバンドの曲名をサーチして、**曲名に使われている言葉と同じ名前のワインを探したり、贈りた**

質問者さん情報

20代女性

予算 >> 5000円以内

種類 >> どれでも

備考 >> ワイン好きな人なので、彼が気に入りそうなものを。

い人の出身地の近くのワイナリーの銘柄を探すなど。また、少々値は張りますが、生まれた年のヴィンテージの銘柄もいいかもしれません。若いときにアメリカに数年いたとか、ヨーロッパをよく旅していたなんて経歴があれば、それにちなんだ銘柄もよいでしょう。

バンドマンということでしたら、ラベルに楽譜や楽器が描かれたワインもよいでしょうし、クリムトの絵がラベルにデザインされたワインは彼の世界観と合うかもしれません。もしも想いを伝えたいなら、思い切ってストレートにハートが描かれたラベルのワインを贈るのもありでしょう。「ラブ」や「アムール」がワイン名に入ったものもおすすめです。

大切なのは、贈る相手の顔を思い浮かべて選ぶこと。「彼は何が好きだったかな?」と考えながら探しているうちに、「これ!」という1本が見つかると思います。

>> バンドマンへのプレゼントにおすすめワイン

オーストリア

シュルンベルガー キュヴェ・クリムト

クリムトの代表作「接吻」ラベル。ハプスブルク家御用達の老舗ワイナリーによるシャンパン製法の逸品。

スパークリング・辛口

750ml ¥5,000

ヴェルスリースリング種

フランス

ジェラール・メッツ リースリング ヴィエイユ・ヴィーニュ

醸造家が「飲むと自分の好きな音楽が自然に聞こえてくるような」ワインを目指して造った1本。

白・辛口

750ml ¥2,777

リースリング種

クリスマスにおしゃれにワインを飲みたいのですが、おすすめはありますか？

Amazonソムリエの回答

ワインって、なぜかとても「大切な」「貴重な」といったイメージを持たれる方もいます。それ自体は、決して悪いことではないですね。けれども、かしこまったりありがたがって飲むだけではなく、もっとカジュアルに楽しんでいただきたいと思っています。ワインがおしゃれだとしたら、「おしゃれを楽しむ」のが一番。見た目も重要な要素です。

質問者さん情報

30代男性

予算 >> 3000円前後、おすすめがあれば5000円以上のものも。

種類 >> どれでも

備考 >> ワインを飲みなれていないので、渋すぎないものがいいです。

どなたが見ても「素敵！」と思っていただけるようなボトルということで、おすすめしたいのがスリーバーボトルのシャンパンやスパークリングワイン。ゴールドやシルバー、キラキラしたブルーやピンクのラップでボトル全体が覆われているタイプのものです。

ご紹介しているテタンジェ ノクターンやスペインのコドーニュといった5000円前後のシャンパンやスパークリングワインのほかに、お値段はさらに高いのですが、ボトルに花の絵が刻まれているペリエ・ジュエもおしゃれ。クリスマスに限らず、大切な日を彩るのにうってつけの1本です。

この機会にスパークリング用のグラスをそろえるのもいいですね。**細身のシャンパングラスの中で泡が立ち上る様子は、ロマンチックな雰囲気作りに一役も二役も買ってくれます。**

>> クリスマスのおすすめワイン

スペイン

アナ・デ・コドーニュ ロゼ スリーバーボトル

エレガントな辛口カヴァ。ピンクをベースにしたチャーミングなスリーバーボトル仕様。

スパークリング・辛口

750ml ¥3,883

ピノ・ノワール種ほか

フランス

テタンジェ ノクターン スリーヴァー

パーティーなど長い夜にぴったりな、ノクターン「夜想曲」を想わせる華やかなモザイク模様のボトル。

スパークリング・やや辛口

750ml ¥6,415

シャルドネ種ほか

ボジョレー・ヌーヴォーって、なんですか？

Amazonソムリエの回答

ボジョレー・ヌーヴォーは、その年の8月末から9月中旬に収穫されたガメイ種を使った赤ワインとして、日本でも広く知られているワインですね。**100%黒ブドウのガメイ種で造られたワインという決まりがある**ので、赤とロゼのみで白はありません。

「ヌーヴォー」とは、「新しい」という意味のフランス語です。普通の赤ワインの醸造方法とは異なる仕込みで

質問者さん情報

30代男性

予算 >> 5000円以下

種類 >> 赤

備考 >> 美味しいボジョレー・ヌーボーを飲んでみたいです。

造られていて、味わいはジューシーでフレッシュ。渋味がほとんど含まれていないのが特徴です。

フランスでは半世紀ほど前の１９６７年に、新酒が飲める解禁日を定めました。**夏の後半に摘み取られたブドウで新しいお酒を造り、その年の収穫を祝うお祭りが11月の第3木曜日の解禁日なのです。**この解禁日にガメイのジューシーな味を飲んでみるのも日本の季節のイベントとして楽しみにされていると思います。さらにヌーヴォーを美味しく味わうなら、１カ月くらい保管しておくのもおすすめです。

飲み口はフレッシュですから、冷やして前菜などに合わせるのもよいでしょう。温度の目安は10～12℃です。

>> ボジョレー・ヌーヴォーのおすすめワイン

フランス

アンリ・フェッシ・ヴィラージュ・プリムール・レーヌ・デ・フルール 2019

黒い果実の深い味わいにしなやかさと繊細さを兼ね備えた、エレガントな逸品。

赤・ミディアムボディ

750ml ¥4,668

ガメイ種

フランス

ジョルジュ デュブッフ ボジョレー ヴィラージュ ヌーヴォー 2019

ボジョレー地区の中でも特に良質なブドウが採れる「ボジョレー ヴィラージュ」で収穫されたワイン。

赤・ライトボディ

750ml ¥2,483

ガメイ種

大学のゼミで卒業祝いに出すワインを探しています。ワインを飲みなれていない学生なので、誰が飲んでも美味しいものだと嬉しいです。

Amazonソムリエの回答

大勢で飲むなら2000円程度で数本。お手頃ワインを飲み比べるのも楽しいですね。**飲みなれていない方もいるでしょうから、渋すぎず辛すぎず、フルーティな味わいのあるものをおすすめしたいと思います。**

まずは、スパークリングワイン。これはスペインのカ

質問者さん情報

60代男性

予算 >> 2000 ～ 3000円前後

種類 >> 赤・白・スパークリング

備考 >> 当日はフレンチのオードブルと一緒にふるまう予定です。5本くらい購入を考えています。

ヴァやイタリアのプロセッコがお値段的にも手頃でよいと思います。

白ワインでは、爽やかにブドウの香りが立つものを。柑橘系の香りと清々しい酸味が感じられるイタリアのヴェルメンティーノ種。もうひとつもイタリア産でフルーティな風味のアルネイス種。そしておなじみのマスカット種（イタリア語読みではモスカート）などから、親しみやすい価格帯のものを選びましょう。

特に、マスカットは醸造法によって超甘口、甘口、辛口とさまざまな表情を見せてくれるブドウです。複数本購入して、飲み比べてみるのも楽しいと思います。

赤ワインは、渋味がほどよいメルロ種を。果実味豊かでジューシーなグルナッシュ種もおすすめです。いずれも、渋味が強すぎないワイン。渋味に弱いけれど、赤ワインを試してみたい人向けの入門編です。

>> 卒業祝いのおすすめワイン

アメリカ

ハーン・ワイナリー メルロ

黒いプラムやダーク・チョコレートのリッチなフレーバーが感じられ、滑らかなフィニッシュへと続く。

赤・ミディアムボディ

750ml ¥2,657

メルロ種ほか

イタリア

アラゴスタ ヴェルメンティーノ

ラベルに伊勢エビが描かれており、魚介類、特に甲殻類と相性がいい。酸味は少なくフレッシュさが爽快。

白・辛口

750ml ¥1,728

ヴェルメンティーノ種ほか

モエ・シャンドンっぽくて安いスパークリングワインを教えてください！

Amazonソムリエの回答

世界的に有名なフランスのシャンパンメーカー、モエ・シャンドン。あまりシャンパンやワインに親しみのない方にも広く知られていると思います。

そんな世界的なワイナリーがオーストラリアで造っているスパークリングワイン「シャンドン ブリュット」。

もともとグリーンポイントというスパークリングワインの美味しいワイナリーがあったのですが、そこがそのま

質問者さん情報

30代女性

予算 >> 3000円以下

種類 >> スパークリング

備考 >> 家で気軽に飲めるものを教えてください。

まシャンドンの管轄になりました。
原料のブドウ品種は、シャンパーニュ地方で使っているものと同じく、シャルドネとピノ・ノワール。違いは、ブドウの生産地がオーストラリアだということと熟成期間。それでも土地の特質をブドウが吸い上げるため、エレガントさは本家本元のシャンパーニュに軍配が上がります。それからガスの溶け込み具合、醗酵したガスの滑らかな舌触り、口当たりも本家のシャンパーニュのほうがきめ細やか。手間と時間をかけて泡をなじませているからですね。

　ですが、シャンパーニュは3年間は泡立ちを溶け込ませるために寝かせておくのに対し、シャンドン ブリュットはそれをもう少し早いサイクルで市場に出すことができます。だから、価格も半分程度、少しカジュアルな雰囲気で普段飲みでも楽しめる1本に仕上がっています。大変お買い得だと思います。

>> モエ・シャンドン好きさんへのおすすめワイン

チリ

ウンドラーガ スパークリング ブリュット ロゼ

チェリーやバラの繊細なアロマを持ち、フレッシュかつ辛口で、赤い果実を連想させる瑞々しい味わい。

スパークリング・辛口

750ml ¥1,859

ピノ・ノワール種

オーストラリア

シャンドン ブリュット

フレッシュシトラスのようなピュアな果実味が爽快。オードブルや魚介類を使った料理にもぴったり。

スパークリング・辛口

750ml ¥2,340

シャルドネ種ほか

週末のバーベキューに持って行くワインを選んでください！

Amazonソムリエの回答

タレ、香辛料が強めのバーベキューに合わせるなら、南アフリカのピノタージュ種。ローストした風味のある料理も用意するなら、スパイシーなシラー種もグッドです。少しいい食材に合わせるなら、イタリアのアリアニコ種もおすすめ。3000円程度で少しお高めですが、シャープな酸味としっかりした渋味、豊かな果実味がお料理の味を引き立てます。

質問者さん情報

20代男性

予算>> 1000～3000円

種類>> どれでも

備考>> お肉と相性のいいものをお願いします！

バッグ・イン・ボックスもいいですよね。ゴミ処理が簡単だし、大勢で飲めますから。川の水で冷やすのも簡単です。

ちなみにスパークリングタイプですが、山でバーベキューをするとき、標高が高く気圧が低いところに持って行くのは避けたほうが無難でしょう。瓶が厚く重いことと、しっかり冷やすのに時間が必要ですから。

山登りやハイキングに持って行くなら、涼しい気温そのままで飲める、キリッとした酸味の辛口白ワイン。ロワールのミュスカデ種。赤ワインなら、マスカット・ベーリーA種やガメイ種。冷えていても渋味が控えめなので飲みやすいはずです。

5月くらいの海辺なら、冷やしたリースリング種かゲヴュルツトラミネール種がおすすめ。海の香りとワインの風味のマリアージュを楽しんでみてください。

>> バーベキューのおすすめワイン

日本

日本ワイン 山梨 マスカット ベーリーA

ベリー系の華やかな香りとなめらかなタンニンの味わいが、和食をはじめさまざまな料理を引き立てる。

赤・ミディアムフルボディ

750ml ¥1,620

マスカット・ベーリーA種

フランス

ドメーヌ ヴィネ ミュスカデ セーヴル エ メーヌ シュル リー ドメーヌ サン マルタン

11度くらいで食前酒として楽しむのに最適。また、シーフードや白身の肉とも合う。

白・辛口

750ml ¥1,675

ムロン・ド・ブルゴーニュ(ミュスカデ)種

Q

友人の誕生日にワインをプレゼントしたいのですが、友人は猫が好きなので、猫にまつわるワインがあれば教えてください！

A

Amazonソムリエの回答

うってつけのワインがあります。アルザスのワイナリーが造っているラベルに猫が描かれたワイン。**その名も「マネキネコ」――日本に来て招き猫を見たフランス人が、大変気に入ってモチーフにしたワインです。**

また、ドイツのワインも猫にちなんだものが多いですね。猫型のボトルに入ったワインもあるくらいです。

ツェル村というところに伝わる逸話で、黒い猫が座って

質問者さん情報

40代女性

予算 >> 1000～4000円

種類 >> どれでも

備考 >> デザインが可愛いものがいいです。

いた樽のワインが美味しかったという話が残っています。

猫以外にも、きつね、うさぎ、ひつじ、ペンギン、アルパカなどなど、動物がラベルにプリントされたワインは多いです。56ページでご紹介したジャケ買いをおすすめしたいワインにも、クジャクや豚がいましたね。

イソップ童話『ブドウときつね』の挿絵をラベルに採用しているワイナリーもあります。たわわになったブドウを食べようとしたきつねが、結局は飛んでも跳ねてもブドウの実に届かず、「どうせ酸っぱいに違いない」と負け惜しみを残した、という童話です。

この生産者はドイツ人のフリードリッヒ・ベッカー。彼が造る極上のピノ・ノワールは、甘いワインを生産する周囲の人々から理解されず、「酸っぱくてまずい」と言われ続けていたそうです。そのときの思いが伝わるようです。

>> 猫好きさんへのおすすめワイン

ドイツ

ツェンツェン シュヴァルツカッツ

Q.b.A.

「黒猫が座った樽のワインが最も出来がいい」という、村の伝説から誕生した「黒猫」という名のワイン。

白・甘口

750ml ¥1,501

リースリング種ほか

フランス

クレマン・クリュール クレマン・ダルザス ブリュット キュヴェ・マネキネコ

「カッツェンタル」（＝猫峡谷）村で17世紀から続くブドウ栽培家が、丁寧に仕上げた稀少なワイン。

スパークリング・辛口

750ml ¥3,680

ピノ・ブラン種ほか

Q

仕事の取引先にお歳暮として贈れるワインを教えてください。あまり高いと気にされるので、3000～5000円を希望します。

A

Amazonソムリエの回答

仕事の取引先に贈るという場合、相手方がワインに対してどのくらい興味があるか、ということがポイントになります。となると、「どなたが見ても違和感がない」というのがテーマになるでしょう。誰が見ても納得いただける、ある程度の知名度があるものをおすすめします。

質問者さん情報

50代男性

予算 >> 4000～7000円

種類 >> どれでも

備考 >> まだ付き合いが浅い取引先なのですが、失礼のないものを贈りたいです。

具体的には、**ボルドーのシャトーもの、あるいはブルゴーニュのシャブリなどです。「シャトー」と書かれていると贈る側も贈られる側もフランスをイメージできて納得されるのではないでしょうか。いいヴィンテージかどうかなども注意してお選びしています。**

昨今、日本ワインがブームになっているので、よいものを探して贈る方もいらっしゃいます。ただし日本ワインの実力が上がってきたのは最近のこと。まだまだ、「日本のワインなんて」と思っている方が多いのも事実です。しかも大手メーカーの名前がロゴに入っていたりすると、中身は確かなものであるにもかかわらず、「量産品か」という誤解をされていたり……。

とても残念なことですが、プライベートでなくオフィシャルで贈るのであれば、まだまだヨーロッパからの輸入ワイン、シャトーものが主流ですね。

>> 取引先への贈答用のおすすめワイン

フランス

シャトー・トロンコワ・ラランド

18世紀からの歴史あるシャトーで造られたワイン。後味も実にエレガントで、上品なタンニンが特徴。

赤・フルボディ

750ml ¥6,829

メルロ種ほか

フランス

ドメーヌ ジャン・コレ・エ・フィス シャブリ プルミエ・クリュ

アフターテイストに重量感があり、わずかなアーモンド香とともに長い余韻が楽しめる。

白・辛口

750ml ¥4,903

シャルドネ種

「ワインが体にいい」って本当ですか？　特に体にいいワインってありますか？

Amazonソムリエの回答

「ポリフェノール2倍」「ビオワイン」「自然派ワイン」など、いろいろ体によさそうな名前のワインがありますが、それに限らず**どのワインもヘルシーな飲みものだと思っています。**ワインは飲みものとしては酸性ですが、体内ではアルカリ性として働きます。果物を食べるように、ミネラル分を摂取することができるのです。体が酸性に傾くと、免疫力が落ちていく可能性があるとも言わ

質問者さん情報

50代女性

予算>> 2000～4000円

種類>> 赤

備考>> どんなものがあるか知りたいです。

れますね。

加えて、**基本的にはブドウ果汁のみが原料であり、そこに余分なものを、水すら足さずに造るというのもヘルシーなポイントです。**ミネラル分をはじめ果実に含まれるものをそのまま醗酵させているわけですから、体に悪いはずがないと思います。しかし量は人それぞれなので、飲みすぎないようにしてくださいね。

ポリフェノールは、フランス人に心臓疾患の方が少ないという統計データから注目が集まりました。血栓ができにくいのは、血栓を抑制する作用のあるポリフェノールを多く摂っているからだろうという仮説が公開されました。「何から摂取しているのか?」という話になり、フランスはワインをたくさん飲むお国柄で、ワインに含まれるポリフェノールだろうと。こういった話からも、「ワインが体によい」と話題にのぼるようになりました。

>> 体にいいおすすめワイン

フランス

パスカル・ジョリヴェ ソーヴィニヨン・ブラン・アティテゥード

農薬を一切使用せず、手摘みでの収穫、天然酵母などを使用して造られた香り高い辛口。

白・辛口

750ml ¥2,415

ソーヴィニヨン・ブラン種

フランス

レ・ペニタン・ピノ・ノワール

フランスを代表するワイン評価誌がそろって最高評価を与える、造り手の上質な自然派ワイン。

赤・ミディアムボディ

750ml ¥3,672

ピノ・ノワール種

二日酔いしないワインってありますか？

Amazonソムリエの回答

ありません（笑）。

けれど、**二日酔いに注意しながら飲む方法はあります。ワインをひと口飲んだら、ひと口水を飲む――これだけです。アルコールを飲んだら、できるだけ同じ量の水を飲むことですね。**あとはアルコールを飲む前には、おなかに食べ物を入れておくこと。空腹だと酔いやすいですね。

質問者さん情報

30代女性

予算 >> 1000～3000円

種類 >> どれでも

備考 >> ワインって悪酔いするイメージなので…

「自然派のワインなら大丈夫」という方もいらっしゃいますが、私にはわかりません。質のよいワインを、またとっておきのワインを飲む時は、ゆっくり味わいながら飲みますよね。食事をしながらとか、味わいを確かめながらですと、飲むのがゆっくりで酔い加減がわかりやすいのではないでしょうか。

「ワインは悪酔いする」という方もいます。おそらく醸造酒が苦手な方だと思います。果実原料の醗酵したお酒が合わない体質もあるのではないでしょうか。

ちなみに私の場合、二日酔いになってしまったときは、まず水分を摂ります。そして塩気のある温かいスープも。頭痛や気持ち悪さが和らぐ気がします。体が欲しているものを与えてあげるという感じですね。水分補給をしっかりして、ビタミン剤を摂ることもあります。

Amazon ワインストアの便利なサービス 3

世界のワイナリーから厳選された Amazon 直輸入ワイン

～ winery direct ～

ワインには「正規品」と「並行輸入品」があるのはご存知でしょうか？「正規品」は輸入時の経路や温度が管理され、ワインの質が保証されている反面、ブランドのイメージに合った価格で販売されています。一方で「並行輸入品」はいろんな国の港を経由して輸入されるため、どんな条件下で運ばれてきたのか保証されません。やはり味は「正規品」に劣りますが、価格は安く抑えられます。そんな輸入ワインの仕組みにおいていいとこどりをしたのが、Amazon バイヤーが各国のワイナリーから直接買い付け・輸入している「winery direct」です。Amazon ソムリエチームでもセレクションのためにテイスティングを行い、厳選しました。世界のワインを身近に楽しめるよう、直輸入だからこそ実現できる高コストパフォーマンスを実現しています。世界のお手頃で美味しいワインをぜひ味わってみてください。

1

ワイン専任バイヤーが世界のワイナリーから厳選したワインを買い付け。

2

現地の鮮度をそのままに、定温管理でワインを輸送。

3

国内のAmazonワイン専用倉庫では20度以下の定温で大切にワインを保管。

4

大切に保管されているワインは、最短で注文の翌日にはご自宅にお届け。
※有料オプションでクール便も選べます。

LESSON 4

自宅でワインを楽しむために知っておきたい8つのこと

POINT 1

ワインは飲みたい日の3日前に届くように

購入したワインは、届いてからしばらくそっとしておきたいもの。私たちは「ストレスがたまる」という言い方をしますが、揺れはワインの味を一時的に損なうからです。揺れることによって、味わいが落ち着かないのです。

基本は、揺られてきた期間と同じだけ静かに置いておくことをおすすめしますが、輸送期間がわからない場合、3日程度は寝かせるといいでしょう。

175ページでボジョレー・ヌーヴォーを1カ月保管しておくとお話ししたのも同じ理由です。10月下旬に日本に航空機で輸送されてきてから日本の輸入元のラベルを貼られたり、全国の酒問屋へ運ばれたりと、ヌーヴォーも忙しかったはず。解禁日から1カ月後くらいが、味が落ち着き、本来の味が確かめられるタイミングなのです。

わが家の場合は、家に届いたら1本は解禁日当日に今年のブドウの様子を軽く味わってみます。そして、もう1本は年末年始のタイミングか、春先までに飲むことにしています。味がきちんと開いて、香りもしっかり立ち、解禁日とはまた違った印象になりますよ。

ご自宅などで保管する際は、少し注意が必要です。**寒暖の差がない、常に温度が一定なところが理想です**。高温すぎたり凍るような場所はいけません。冷蔵庫も乾燥してしまうのでNGです。コルク栓の場合、冷蔵庫の臭いを吸ってしまうので、その点も避けたい理由のひとつです。ワインは紫外線で変質してしまうため、陽のあたる場所もいけません。蛍光灯の明かりも紫外線が出ているので注意しましょう。長く置いておくと、紫外線焼けしてラベルの色がくすんできます。とはいえ、保管するのに手間をかけたくはないもの。

普通の家だったら、ひと冬越すくらいは大体大丈夫です。秋口に買って、暖房の効かないところ、クローゼットや下駄箱の横、物置に置いたままひと冬過ぎても、春先には出してもらえれば美味しく飲めます。（寒冷地の方は凍らない場所を選んでください。）

ありがちなのは、リビングルームのひと目につく場所で、大切な置物のようにワインを並べてしまっている場合。日中に密閉された部屋でエアコンもかけていないと、夏の室温は40℃くらいになっている可能性があります。そうすると風味が飛んでしまいます。ワインらしい香りがしないものになってしまうのです。ちなみに、5月のGW後、一度夏みたいにすごく暑くなるタイミングが来ます。そうなる前、春先くらいには飲んだほうがよいでしょう。

また、コルク栓が乾燥すると、中のワインが蒸発しやすくなってしまいます。コルクを

濡れた状態で膨張させておくために、横にして置きましょう。冬場で乾燥が激しい場合は、発泡スチロールの箱に入れ、しっかりフタをして、温度変化の影響を防ぎ、乾燥から守るように寝かせて置けば万全です。

においがない、振動がない、光が当たらない、気温が一定、できれば加湿ができるところ――それがすべて揃うのがワインセラーです。だからワインにハマっていくと、ワインセラーを買ったほうがいい、という話に進んでいきます。

私は、いつが飲み頃かと聞かれたら〝どうしても飲みたくなったとき〟に飲んでみてはいかがでしょうかとお話しすることもあります。たとえそれが若すぎると感じたり、あるいはずいぶん熟成しているなと思っても、ワインは少しずつ熟成という変化をしていて、飲んだときの味わいはそのときにしか見られない顔です。そうして味わいの記憶が残ったら、経験が一つ増えたと思えるといいなと。

ただ、自宅でのワインの長期保管はなかなか難しいこともあるかと思います。一番美味しい状態でワインを飲みたい、贈りたいということになったら、味わいの好みや、いつ飲むのか、どんな場面で登場させるのかなどを、遠慮なくソムリエにご相談ください。

POINT 2

美味しく飲むための温度は何度？

ワインが飲みたくなったら、温度にも気をつけてみましょう。**スパークリングワインや甘めのものは、温度が低めのほうが美味しいと感じられます。**スパークリングワインを常温のまま開栓するとガスが一度に大量に抜けてしまいます。ガスを多く含んだものほど温度を低くするのがセオリーですが、上質なシャンパンは、温度が低すぎると味わいが舌で感じにくくなってしまうので注意しましょう。スパークリングや甘めでなくても、手頃な辛口ワインは辛口のキリッとした味わいを楽しむためにも強めに冷やして大丈夫です。

具体的な適正温度は、スパークリングや甘口のワインなら6～8℃です。白ワインの辛口が6～12℃で、ロゼワインは8～10℃。赤ワインは、軽い飲み口のものが12～14℃。ちょっと重めのものになると、16～20℃が飲み頃です。

よく「赤ワインは室温で飲む」という話が出てきますが、これはワインを部屋の温度と同じにするという意味ではないんですね。ワインを保管してあった地下セラーなどの冷えた場所から持ってきて、室温になじませつつ飲んだ、ヨーロッパの歴史的な背景から来た表現です。

シャンパンスタンダードクラスで6~8℃ですが、さらによいプレステージクラスは8~12℃。上質なものはベースのワインの旨味がしっかりと含まれているため、冷やしすぎないほうが美味しく味わえます。

意外とよくやってしまいがちなのが、アイスクーラーに入れて冷やしておいたワイン。急いで冷やそうと氷水に入れるまではいいのですが、そのまま開けて注ぐ。そうすると、上が温かくて下が冷たいんですね。ボトルの肩くらいから上が外に出たままで、ワイン全体が冷えていないんです。シェイクしてはいけませんが、ボトルは栓をしたままゆっくりゆっくり、上下逆さまにして元に戻してください。

スパークリングはボトルが厚く冷えにくいので困りますよね。そんなときは、ボトルが首までつかる容器に氷水を用意して漬けたほうが速く冷えます。開栓前なら100円ショップなどにあるCD収納ケースなどを使ってクーラーにして、ボトル全体を入れて冷やしましょう。

ちなみに8～9℃は、冷蔵庫のドアポケットでビールを冷やしたくらいの温度。そして、グラスに注ぐと温度が上がります。「ちょっと冷たすぎたかな」というくらい冷えていたら、グラスを手のひらで包んで温めたり……ということもします。

POINT 3

グラスはできれば3種類

グラスは白ワイン用と赤ワイン用、スパークリング用の3種類は用意したいところ。**白ワインは果汁だけを醗酵させて造るので、味わいの組み立てが赤ワインに比べてシンプルです。チューリップのつぼみのような形のリースリング型がおすすめ。**

一方、赤ワインは種や皮を漬け込んでそのエキスが入るため、白ワインに比べて味わいの要素が複雑になります。**香りや味わいの複雑さを感じやすくするために広めのボウル（ワインを注ぐ器の部分）が必要になってきます。ボウルの膨らみが大きいもので楽しんでください。**

白ワインですが、シャルドネは例外で、赤ワイン用のグラスでも大丈夫です。シャルドネは醸造のスタイルにより、木の樽を使ったりすると香りにボリュームが出ます。複雑みのある香りを立たせるために、ボウルが広めのグラスを使いましょう。

赤ワインのグラスでもうひとつ、ボルドー型とブルゴーニュ型があることもお伝えします。ボルドー型は、渋味と果実味を主体とするシラーやカベルネ、メルロ系向きです。いずれもブレンドにも向いたブドウで、果実の風味や醸造による味わいがしっかりと醸し出されます。その持ち味をボウルの中でこもらせることになります。白ワイン用のグラスを縦に大きく膨らませたような形です。ピノ・ノワールは単一品種で造るのが基本のワインなので、品種の繊細な風味を豊かに広がらせるためにボウルが横に広いブルゴーニュ型となります。

赤ワイン用のグラスとして両方あるとよいですが、LESSON1で好みの味がわかっていれば、そのブドウ品種に合ったグラスを用意すればOKです。また、好みがまだわからない場合は赤ワイン用はボルドー型を用意しておけば問題ありません。

もうひとつ、**スパークリングワインは縦長のフルート型と呼ばれるグラス**をご紹介します。スパークリングワインを普通のワイングラスに注ぐと、溶け込んでいる泡が早く抜けてしまいます。口が広いグラスは液面が広く、ガスの抜ける範囲が大きいので、なるべく口が狭くて泡立ちをゆっくりと見て楽しめるようなグラスがいいでしょう。

白ワイン用のリースリング型、赤ワイン用のボルドー型、スパークリング用のフルート型。この3種類を持っていれば、大体網羅できますよ。Amazonでもグラスは幅広い品揃えで取り扱っていますので、ぜひチェックしてみてください。

POINT 4

美味しいワインの注ぎ方

飲みどきのワインがあって、グラスも揃えたら、いよいよ開栓。「注ぎ方」にも美味しいワインをさらに美味しく味わうコツがあるんです。

まず**スパークリングワインの場合は、泡がグラスに当たって盛り上がってきます。そのまま注ぐとあふれてしまうので注意しましょう。1回少なく注いで泡立ちが収まった後、ゆっくりと注ぎ足していきます。この「二度注ぎ」が基本です。**これなら、あふれ出て飲める量が少なくなった……とはなりませんね。

白ワインや赤ワインは二度注ぎは必要ありませんが、ゆっくり注いだほうが香りが立ち

ます。恐る恐るというほどではありませんが、ドリンク類をペットボトルから注ぐよりはもう少しゆっくりと注ぎましょう。

次に注ぐ量にもポイントがあります。

グラスのフォルムを見るとおわかりいただけると思うのですが、ボウルの膨らんだ部分が大事なのです。この、**表面積がもっとも広くなるところを目安にワインを注ぎましょう**。その上に空気がたまる空間を作ることで、ワインの持つ香りを鼻で確かめることができるようになります。**グラスがいくら小さくても、ボウルの半分以上は注がないのが鉄則**なんですね。ボウル部分の高さの1／3くらいでよいでしょう。

香りも充分に感じられるようになりますし、グラスを回してもこぼれません。**なぜグラスを回すのかというと、より香りを立たせるためです**。空気に触れて、香りの要素が室温になじみ広がりやすくなります。ある意味エイジングしたような感じになりますね。ワインの香りの要素を確認しつつ味わうことで、そのワイン本来の味が楽しめるのです。

ワイングラスを回す回数は3～5回程度で十分です。レストランなどでたまに回すのがクセになった方、回しすぎてしまっている方も見かけますが、あまり回しすぎると酸化してしまいます。あくまでグラスを回す目的は香りの要素を立たせるためです。溶け込んだ香りの要素をみて、ワインの素性を確認するという意味なんですね。きちんとしたレストランだったら、ソムリエさんがチェックしてくれますから必死になって自分がテイスティングする必要はないんです。よいかどうか確認するのに、回すのは数回にとどめておきましょう。

もちろん、家で実験して楽しむ分には構いません。回していくとだんだん味が変わっていきますよ。

POINT 5

デキャンタージュしたら美味しくなる？

聞かれることが多いのは、底面の広いガラス容器であるデキャンタにワインを移し替える「デキャンタージュ」はしたほうがいいのか、という質問です。**デキャンタージュもグラスを回すのと同様、ワインを空気に触れさせることを目的のひとつとして行います。あるワインが、その持ち味が開いてこないことがわかったときにする作業なので、どんなワインでもしたほうがいいか言うと、そうではありません。**私たちソムリエは、そのワインの原料となったブドウ品種、収穫された年（ヴィンテージ）、生産地や生産者について、それらすべてを含めてデキャンタージュが必要か否かを決めています。簡単に言うのは難しいですが、**ひとつの目安として、デキャンタージュするのは５０００円以上のワインからではないでしょうか**。

もうひとつの目的として、デキャンタージュは澱を沈殿させて上澄みだけ飲むために行います。昔は澱を多く含むワインも多かったんですね。ワインボトルを専用のカゴに斜めに寝かせておき、ガラスのデキャンタに上澄みだけ移し替えるという作業です。けれども、今は澱で濁っているワインがあっても、それが悪いもの・不要なものであることは少なくなり、澱を残して美味しさを表現しているワインがほとんど。なので現在では、デキャンタージュは味を開かせるために行われることが多いでしょう。

同じように、ワインを水差しのピッチャーのようなキャラフェに入れ替える「キャラファージュ」も、空気触れさせてワインの味を開かせる作業です。**デキャンタージュは大切なワイン、その１本にとっては１回限りの作業となります。急激な酸化によって浦島太郎の玉手箱にならないように慎重な判断が必要です**。

POINT 6

ワインはゆっくり口に含んで一呼吸

アルコール度数が7~14%程度含まれるワインは、のど越しを楽しむにはややアルコール度数高めです。アルコール度数が上がると辛味を感じるので、**ゆっくり含んで飲むのが正解。そうすると口の中の温度で香りが広がり、鼻腔で香りを感じられます。さらに舌の上でも味が広がり、どんな要素を持っているのかわかりやすくなります。**

美味しい料理を食べたときもそうだと思うのですが、美味しいお肉はすぐに飲み込まないですよね。しっかり舌の上で味わってから飲みくだす。ワインもそれをしたほうがいいと思います。一口目はすぐに飲んでしまいがち。二口目でゆっくり味わってみたら印象が変わったなどというのも、舌の上で味覚の印象が確認されたということ。このゆっくり具合でワインが記憶に残りやすくなります。

POINT 7

コルクが折れたら茶こしを持って

低価格帯のワインにはスクリューキャップのものが多いですが、ランクが上がるにつれて、コルク栓のものも増えてきます。ワインオープナーは1本持っておくとよいでしょう。

コルク栓のボトルを開栓する際によくある悩みは、**やわらかくなったコルクが崩れたり割れたり途中で折れたりしてしまうことです。そんなときは焦らず、コルク抜きのスクリューを、もう一度折れたりして瓶の口に残ったコルクにゆっくりと優しく刺し込んで慎重に引き上げます。**さらに少し高度ですが、コルクの表面の3カ所くらいに刺してそれぞれを少しずつ持ち上げていくという手法もあります。

40年くらい経つとコルクはぼろぼろになるので、これらの作戦がうまくいかないこともあるでしょう。開栓に失敗して、コルク栓がボトルの中に落ちてしまうのは珍しいことではありません。

そういった場合は茶こしを使って注げば、コルクがグラスに入ることもありません。コルクが途中で折れてしまったら、早々に抜くのをあきらめて、棒などを使ってコルクを押し込んでしまっても構いません。

コルクリフトという専用の道具のほか、最近では空気圧で抜栓できるグッズもあるので、興味のある方はＡｍａｚｏｎで検索してみてください（※）。

POINT 8

飲みきれないときの保存法は？

ボトルを開けたはいいけれど、１本は飲みきれないというシチュエーションはよくあるもの。元のコルクで栓をしたり、スクリューキャップを戻して冷蔵庫で保管しましょう。とはいえボトルに空気が入っていて酸化しますから、なるべく早く飲みきるようにしてください。**ボトルのままでの保存目安は栓を開けてから3日以内をおすすめします。**

もう少し長くもたせたい場合、ボトルの空気を抜くグッズもありますが、**私がおすすめしているのは、３００㎖のスクリューキャップのガラス瓶に詰め替えるという方法です。**瓶はＡｍａｚｏｎでも１本２００〜３００円程度で販売されています。もちろん、何か

※ Amazon ワイン・酒・バー用品：https://amzn.to/2Z6N42N

の空き瓶でもにおいが残ってなければＯＫ。

なるべく空気に触れさせないことが大切ですので、**最初から飲みきれないとわかっている場合は、飲む前に漏斗を使って詰め替えてしまいましょう。空気に触れる面積が少なくなるように容器のすり切れ一杯まで入れるのがポイントです。この方法なら、ワインの質にもよりますが5〜7日間は冷蔵庫でもちます。**冷蔵庫に入れるため、そこまで神経質になる必要はありませんが紫外線による劣化を防ぐため、瓶の色は緑か茶色がおすすめです。元のボトルに残っているワインから、飲み進めてください。

おわりに

ワインの仕事についてから長い時間が経ちました。その間ずっと持ち続けてきたのは、一人でも多くの方にワインを飲んでもらえたら、という思いでした。縁あって、2015年末からAmazon専属のソムリエとなり、2016年2月から始まった、お客様からのお問い合わせにお答えする「Amazonソムリエ」サービスを担当しています。これは長い間の私の夢でもあったのです。

アマゾンジャパンの酒類事業部では、輸入元各社様の扱う銘柄以外に、海外のワイナリーから直輸入も行い、手頃な価格でワインに親しんでいただけるように日々取り組んでいます。Amazonソムリエサービスや Amazonプライムの各特典などをご活用いただき、新たに多くの方々がワインに親しんでいただけることを願ってこの本を出版させていただきました。今回、掲載させていただいたワインのお取り扱い企業様をご紹介させていただきます。

アグリ株式会社
アサヒビール株式会社
エヴィーノ
エノテカ株式会社
MHD モエヘネシーディアジオ株式会社
(株)アートテック
(株)稲葉
(株)サドヤ
(株)スマイル
(株)成城石井
(株)セナー
(株)チーナジャパン
(株)都農ワイン
(株)徳岡
(株)nakato
(株)ヌーヴェル・セレクション
(株)八田
(株)パラジャパン
(株)日野屋
(株)フィラディス
(株)フードライナー
(株)ボンド商会
(株)ミレジム
(株)モトックス
(株)ラック・コーポレーション
(株)ラブギフト
(株)ル ブルターニュ
(株)ローヤルオブジャパン
キッコーマン食品株式会社
木下インターナショナル株式会社
グリーンエージェント株式会社
Grape Off株式会社
国分首都圏株式会社
サッポロビール株式会社
サントリーワインインターナショナル株式会社
GRNジー・アール・エヌ株式会社
ジェロボーム株式会社
シャトー酒折ワイナリー
ジャパンソルト株式会社
丹波ワイン株式会社
テラヴェール株式会社
東亜商事株式会社
豊通食料株式会社
日欧商事株式会社
日本酒類販売株式会社
日本リカー株式会社
BB&R　ベリー・ブラザーズ&ラッド日本支店
ピーロート・ジャパン株式会社
ファームストン株式会社
ペルノ・リカール・ジャパン株式会社
ヘレンベルガー・ホーフ株式会社
ボリニジャパン株式会社
本坊酒造株式会社
三国ワイン株式会社
メルシャン株式会社
モンテ物産株式会社
(有)朝日町ワイン
(有)ココ・ファーム・ワイナリー
ユニオンリカーズ株式会社
ワイン・イン・スタイル株式会社
(アマゾンジャパン合同会社)

敬称略　あいうえお順

原 深雪 Miyuki Hara

2016年、Amazonソムリエサービスリーダーに就任。「ワインを気軽に楽しんで、美味しく飲んでいただきたい」をモットーに、これまで多くのお客様にワインをアドバイスしてきた。1990年ワインアドバイザー資格取得（№.747）、1997年シニアワインアドバイザー資格取得（№.158）（2017年、ソムリエ協会の規定にてシニアソムリエへ呼称統合）。キッコーマン「女性のためのワインスクール」講師担当、東急本店和洋酒売り場 仕入販売担当、クィーンズシェフ新宿店 お酒売り場 スーパーバイザー、フレンチレストラン「タストヴァン青山」シェフソムリエ、リアル・ワイン・ガイド誌 テイスティングコメンテーターなどを経験し、現在は複数のメディアにも出演している。

STAFF
カバーデザイン　汐月陽一郎（chocolate.）
本文デザイン　清水真理子（TYPEFACE）
構成　坂尾昌昭（トキオ・ナレッジ）
イラスト　鈴木暢男
DTP　茂呂田剛（エムアンドケイ）
　畑山栄美子（エムアンドケイ）
校閲　円水社

【参考文献】
『日本ソムリエ協会教本 2018年版』飛鳥出版
『ワインの世界地図』パイ インターナショナル
『知識ゼロからのワイン＆チーズ入門』幻冬舎

Amazonソムリエが教《おし》える 美味《おい》しいワインのえらび方《かた》

2019年9月20日　初版発行

著　者 原深雪
発行者 小林圭太
発行所 株式会社 CCCメディアハウス
〒141-8205 東京都品川区上大崎3丁目1番1号
電話 03-5436-5721（販売）
03-5436-5735（編集）
http://books.cccmh.co.jp

印刷・製本　豊国印刷株式会社

 ISBN978-4-484-19228-4